万物丛书 HOW IT WORKS

未来世界之旅

万物编辑部 编

机械工业出版社
CHINA MACHINE PRESS

关于未来,你可能有无数的设想,不论是去太空旅行,还是去海底遨游,可能都曾出现在你的设想里,那么这些是否能实现呢？技术的发展日新月异,昨天我们畅想的未来可能已经实现,那么今天,我们畅想的未来,离实现还有多远?我们未来的生活会是什么样?打开本书,一起来一场神奇的未来世界之旅吧!

图书在版编目（CIP）数据

未来世界之旅 / 万物编辑部编. — 北京：机械工业出版社，2019.12（2024.6重印）
（万物丛书）
ISBN 978-7-111-64021-9

Ⅰ.①未… Ⅱ.①万… Ⅲ.①未来学–青少年读物 Ⅳ.①G303-49

中国版本图书馆CIP数据核字（2019）第227725号

机械工业出版社（北京市百万庄大街22号 邮政编码100037）
策划编辑：黄丽梅　责任编辑：黄丽梅
责任校对：张　征　责任印制：孙　炜
北京华联印刷有限公司印刷

2024年6月第1版第7次印刷
215mm×275mm・4印张・2插页・57千字
标准书号：ISBN 978-7-111-64021-9
定价：69.00元

电话服务　　　　　　　　网络服务
客服电话：010-88361066　　机 工 官 网：www.cmpbook.com
　　　　　010-88379833　　机 工 官 博：weibo.com/cmp1952
　　　　　010-68326294　　金　书　网：www.golden-book.com
封底无防伪标均为盗版　　　机工教育服务网：www.cmpedu.com

目 录

 004　走进未来世界

- 004　未来的城市
- 006　未来的交通方式

 008　未来的交通工具

- 008　高超声速飞机
- 010　高超声速飞行的未来
- 012　高速假期
- 014　空中旅行
- 016　乘坐私人潜艇畅游海洋

 018　虚拟现实

- 018　虚拟现实的应用
- 020　虚拟现实的工作原理
- 022　未来的电影院
- 028　未来的购物
- 032　未来的旅行
- 036　未来的学校

 040　改进人体

- 040　人体植入物
- 042　干预大脑
- 044　打造未来的你

 046　太阳系旅游指南

 050　火星移民

- 050　火星移民设想
- 052　火星生活
- 054　火星上的机器人
- 056　前往火星
- 058　火星上的人类

060　月球移民

- 060　改造月球
- 062　未来的月球会是什么样？
- 064　如何建造月球基地？

走进未来世界

未来的城市

太阳能
建筑物上可以安装太阳能电池板,以此利用太阳能。

天然保温层
摩天大楼的内外都可以种植食物,植物能扮演天然保温层的角色。

风力
摩天大楼的屋顶设有风力发电厂,便于利用强大的风能发电。

城市空间
建筑物向上伸展,而非水平扩张,这样城市就能获得更多放松与休闲的空间。

采集雨水
建筑物屋顶可以收集雨水,这些水可以供建筑物的住户使用。

你知道吗？ 预计 2050 年时，太阳能将成为电力的最大来源。

电子树
用太阳能电池板取代树叶的电子树，可以成为手机及免费照明设备的充电桩。

电能储备
太阳能电池板及风力发电厂生产的多余电能可以储存在电池中，或者纳入国家电网。

植物取代路灯
"发光植物项目"（Glowing Plant）的研究人员已经将萤火虫的基因转移到了植物体内，使得植物可以在黑暗中发光，照亮人们回家的路。

走进即将变为现实的未来绿色城市

在很多人眼中，大城市就是灰暗的钢筋水泥森林，但未来城市却能彻底改变人们的这种印象。随着地球上的化石燃料逐渐枯竭，其他能够可持续地点亮城市的新方法相继出现。

改造成农场的摩天大楼成为高耸入云的温室，各个楼层可以种植不同的农作物，能充分利用太阳能，还能尽可能地减少土地占用面积。这些超级生态建筑可以在外墙安装太阳能电池，在屋顶安装风力发电机，使得建筑物的能源实现自给自足。

在未来的城市中心，人们会聚集在太阳能树下，与现在的世界形成鲜明对比。这些"电子树"不仅能提供荫凉，而且其上的太阳能电池板也能为手机充电桩、免费Wi-Fi及照明设备提供电力。太阳能也可以为液晶显示屏供电，这些显示屏上可以显示诸如天气预报或教育内容在内的各类信息。

开发上层空间不仅能为城市留出更多的地面社交区域，同时也能为发光植物留出生长空间。这些植物体内植入了类似荧光素的发光物质，绿色植物因此可以在夜间发光，成为低成本、环境友好的照明方式。

和《超时空战警》（Judge Dredd）及《银翼杀手》（Blade Runner）这些电影所展现的死气沉沉的恐怖场景不同，未来城市将是明亮、宽敞的绿色空间，还会最大程度利用我们身边神奇的自然资源。

数字试衣间
这种技术已经成为现实！有些商店通过平板电脑或手机应用程序为顾客提供虚拟试衣的服务。

未来的交通方式

快速转移地点为什么会成为现实?

提到未来的交通方式时,很多人脑海中第一个浮现出来的就是飞在空中的汽车。令人兴奋的是,这种交通工具已经进入研发阶段——AeroMobil公司已经发布了他们的第三代飞行器。这种交通工具可以在几秒钟内从汽车变为飞机,让驾驶人免受堵车及施工的影响,飞向自己的目的地。在地面上,AeroMobil使用常规汽油,可以停在任何标准停车场中;而装备了Rotax 912发动机后,它在空中最快可以达到200千米/小时的速度。这种交通工具有助于减轻未来城市的拥堵,并让地面交通变得更加安全。

此外,亚马逊(Amazon)和DHL这样的公司也在试验可以投送质量在2.3千克以下包裹的无人机;亚马逊表示,2.3千克以下包裹占据总投放数量的86%。使用无人机不但能减轻交通压力,也会因为使用电池或太阳能而让空气变得更清洁。

如果想留在地面上,无人驾驶出租车就是最好的选择。这种出租车利用GSP卫星导航制定路线,利用车载摄像机确定障碍物,谷歌的无人驾驶汽车已经安全、无事故地行驶了超过1125000千米。

这种无人驾驶汽车可以用作出租车,用户通过手机软件约车,相比有人驾驶,无人驾驶汽车行驶的路线更合理,行驶效率更高。这意味着,人们不再必须拥有汽车,虽然拥有一辆会飞的汽车也是很好的。

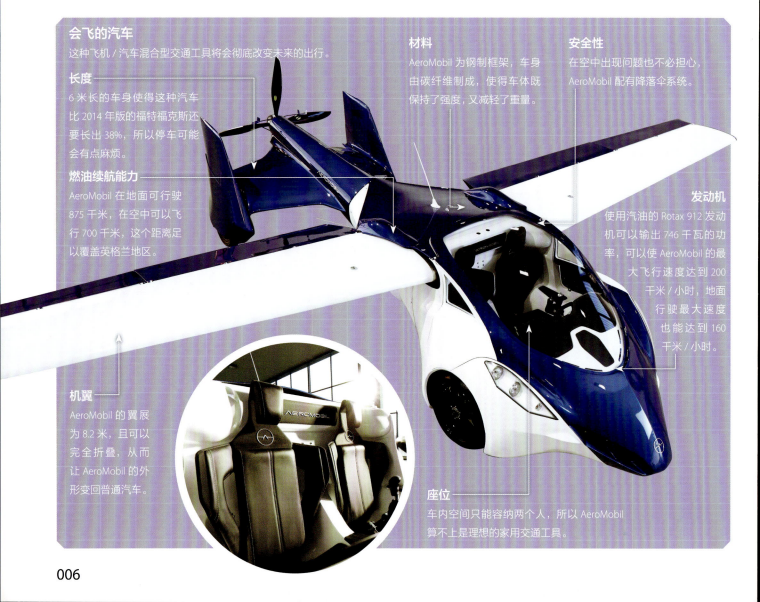

会飞的汽车
这种飞机/汽车混合型交通工具将会彻底改变未来的出行。

长度
6米长的车身使得这种汽车比2014年版的福特福克斯还要长出38%,所以停车可能会有点麻烦。

燃油续航能力
AeroMobil在地面可行驶875千米,在空中可以飞行700千米,这个距离足以覆盖英格兰地区。

机翼
AeroMobil的翼展为8.2米,且可以完全折叠,从而让AeroMobil的外形变回普通汽车。

材料
AeroMobil为钢制框架,车身由碳纤维制成,使得车体既保持了强度,又减轻了重量。

座位
车内空间只能容纳两个人,所以AeroMobil算不上是理想的家用交通工具。

安全性
在空中出现问题也不必担心,AeroMobil配有降落伞系统。

发动机
使用汽油的Rotax 912发动机可以输出746千瓦的功率,可以使AeroMobil的最大飞行速度达到200千米/小时,地面行驶最大速度也能达到160千米/小时。

你知道吗？ 尽管是一辆会飞的汽车，但 AeroMobil 使用的却是普通汽油。

AeroMobil 的仪表盘比现在的汽车仪表盘更复杂。

AeroMobil 造型优美，极具未来风格。

投递用无人机

目前，快递公司为了投送包裹需要耗费大量成本、消耗大量燃料。但在未来城市，无人机就能完成这些任务。亚马逊和 DHL 已经推出可以解决绝大部分包裹投递问题的无人机。这些自动飞行工具重量轻，能在卫星导航下按照提前制定的路线抵达目的地。

这些无人机可以将包裹送至类似岛屿这样交通不便的地区，也减少路上行驶汽车的数量。由于无人机主要使用电池或太阳能，所以它们也不会像货运卡车那样耗费能源。

截至目前，美国已经出台了无人机法规。由于技术已经成熟，所以未来几年天空中满是无人机的情景出现的概率将越来越大。

放松，让未来的汽车带你周游世界。

无人驾驶出租车

未来的某一天，也许没有人会再去买车，人们可以随时招呼无人驾驶汽车前往各个地方。由于无人驾驶汽车的反应速度更快，且不会分心驾驶，所以这种汽车可以更稳定的速度、更小的间隔行驶，发生事故的概率更小，从而减少道路拥堵。车顶摄像机使用激光扫描前方道路，其扫描范围远超人眼视线。第二台摄像机观察车辆两侧，以便对行人或动物等可能出现的危险做出反应。车辆的导航系统包括全球定位系统（GPS）定位、高度仪及陀螺仪，这些设备既能精准定位，又能为车辆制定准确的行进路线。另外汽车的使用寿命中有 90% 消耗在了停车期间，所以自动驾驶、租赁汽车完全可以成为效率更高的出行方式。

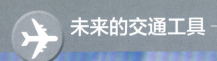

未来的交通工具
高超声速飞机

一起走近这款打破超声速纪录的飞机，看看它是如何实现高超声速的。

眨一下眼，它们就不见踪影，但你一定能听到它们的声音。高超声速飞机也许和我们熟悉的喷气式飞机外形相似，但它们其实是完全不同的机器。传统客机在高超声速飞机的飞行速度下会导致解体，而高超声速飞机装备了特别的发动机，还使用了先进材料和大量尖端技术。

那么，高超声速飞机究竟有多快？按照定义，超声速指的是移动速度超过声速，也就是每小时1235千米，或每秒343米。高超声速飞机的速度需要至少达到上述速度的5倍，也就是每小时6175千米，或每秒1715米。而这个速度对高超声速飞机来说只是最低线。人类目前已经创

你知道吗？ 甩动鞭子出现的啪啪声其实是音爆——鞭子尾端的最高速度可以达到2倍声速。

造出的速度最快的飞机每秒速度接近7千米！只要能承受空气的压力，飞机的速度就能越来越快。

在过去的30多年时间里，我们曾使用协和式客机进行超声速飞行。这种飞机能够打破音障，在空中旅行史上具有革命性意义。但是现在，人类对速度的追求达到了前所未有的高度，无论是军用喷气机还是商用客机，都追求更快的速度。当然，这并非简单的任务，但在莱特兄弟第一次飞上天空后的短短一个世纪里，人类仍然在不断制造创新型的飞机。高超声速技术为我们打开了全新可能，空中旅行可以变得更高效、更便利。想象一下，也许某一天，只要几个小时我们就能去往地球的另一边，或者宇宙飞船不需要庞大的火箭推动也能升上太空。

最让人兴奋的是，这些都不是科学幻想，人类已经开始了高超声速飞行，研究者们也正在开发适合公众使用的高超声速飞机。下面，就让我们走近这些神奇的飞机，了解在未来等待我们的高速世界。

高超声速飞机的飞行速度会导致传统客机解体。

高超声速 vs 超声速

在很长一段时间里，专家们认为人类的飞行速度不可能超过声音的速度。但一切在20世纪40年代发生了改变，美国试飞院查克·耶格尔完成了人类历史上第一次速度超过声速的飞行。

当被压缩的空气为贝尔X-1试验机"让路"时，地面的观众听到了音爆的巨响。他们意识到，超声速飞机会面临更多的极限挑战。

如果说超声速飞机在突破音障时需要克服众多困难，那么高超声速飞机飞行时遇到的困难就会加倍。当速度达到5倍声速或者更高时，空气的影响不只是带来冲击波。在如此高速状态下，空气会将飞机表面加热到足以融化钢铁的极高温度，而且飞机发动机也面临极大的压力。

音爆的成因是什么？
为什么打破音障会产生这么大的噪声？

持续音爆
速度超过声速的飞机会持续产生冲击波，这些冲击波汇合形成圆锥形。在特定条件下，这个圆锥形会形成人眼可见的圆锥形水蒸气云团。

Skreemr可以以10倍声速的速度搭载75名乘客。

速度低于声速
飞机前进时，机头会压缩前段的空气，发动机产生噪声，形成以声速运动的声波。

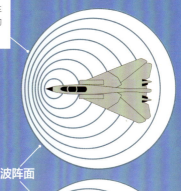

超声速

波阵面

1马赫

速度达到声速
当飞机速度达到声速时，被压缩的空气移动速度不够快，于是声波开始在机头积累。

冲击锥

超声速

速度超过声速
飞机速度超过声速时就会压过机头的声波，这就会导致空气压力产生变化，或者说产生冲击波，由此产生人们可以听见的音爆。

009

未来的交通工具 ──────────────────────────────────── 高超声速飞行的未来

高超声速飞行的未来

如今仍处在试飞阶段的高超声速飞机,也许很快会取代喷气式飞机。

如果要说从高超声速飞机目前的发展轨迹中学到了什么经验教训的话,那就是温度、重量和动力是未来发展的主要障碍:重量太大,无法达到理想中的速度;温度太高,飞机会在飞行过程中融化。接下来还要面对使用什么动力才能让飞机达到并保持高超声速的问题。幸运的是,科学家为上述所有问题都提出了解决方案——一些非常高端的飞机目前已经试飞成功。

像查尔斯·庞巴迪这样具有创新理念的工程师一直走在潮流的前端。庞巴迪设想的飞机 Skreemr 可以在类似电磁炮这样的发射系统的帮助下飞向天空,从而在未来告别跑道。电磁炮是一种可以使用电力、以极高速度将物体发射向天空的电磁轨道, Skreemr 使用这种发射装置,可以节省起飞所需的数吨额外的火箭燃料,相应减轻飞机的重量。

庞巴迪的另一个设计名为 Antipode,可以解决温度和音爆巨大声响的问题。通过逆流喷气,可使气体在飞机前方向外流动,使得空气摩擦带来的温度及声波带来的巨响显著降低。这些特性可以帮助 Antidope 实现 24 倍音速的速度,相当于每小时 29500 千米!这些设计距离变成现实还有相当长的路要走,但空中客车公司和反应发动机公司(Reaction Engines)已经推出了两个可以让人类在不久的将来以高超声速飞行的新理念。

高超声速飞行的希望

互为竞争对手的航空航天工程师们正在用两种截然不同的方法解决同一个难题。

乘客 最多可以运输 300 名乘客及行李,相较于亚声速飞机,票价仍能保持竞争力。

LAPCAT A2 反应发动机公司

机身 飞机的形状使得飞行员可以在飞行速度超过声速后仍能控制飞机。

火箭助推 随着涡轮发动机收回,火箭发动机将推动飞机达到声速的速度。

高超声速飞行器 空中客车公司

冲压喷气发动机 这种发动机能在飞机到达高海拔区域时提供动力,让飞机持续以超声速飞行。

旋转尾翼 飞机后部的尾翼可以旋转到水平或垂直方向,以增强飞机的稳定性和速度控制能力。

上升到全新高度

空中客车公司的高超声速飞行器的速度可以达到现有客机的两倍。

起飞 机身上安装的喷气发动机可以用于滑行和起飞。

爬升 当飞机抵达较低的平流层时,火箭发动机就会被点燃。

加速 飞机在垂直飞行时突破音障,使得音爆水平运动,而非过去那样向地面运动。

巡航 先进的冲压喷气发动机会在飞机达到 3500 米高度时点燃。

你知道吗？ 高超声速飞机将要使用的液态氢燃料，比传统煤油类燃料更加安全。

高超声速旅行的历史

距离第一架速度超过5倍声速的人工驾驶飞行器诞生、突破高超声速旅行障碍、真正展示出空间旅行未来的瞬间已经过去了60年。X-15飞机证明了人类不仅能够实现高超声速飞行，还让我们了解了如何更好地设计、控制并安全降落一架能够完成上述壮举的飞行器。这架飞机本质上属于火箭/飞机混合体，机身能够承受700摄氏度的高温，飞行高度超过100千米，尾部依靠火箭发动机提供动力。

X-15的成功让其创造者充满信心，自信很快就能以高速将飞行器发射至太空，并能安全地返回大气层。X-15在人类登月历史上起到了重要作用。

传奇的X-15是第一架能让飞行员实现高超声速飞行的飞机。

燃料
飞机大约一半的重量（接近400吨）都是燃料。

涡轮冲压喷气发动机
涡轮发动机和冲压发动机被整合为一个发动机，既能完成起降，又能以高超声速进行巡航。

无窗
能够承受高超声速飞行所产生的高温的窗户其造价很高，而且重量也大。飞机也许可以配备内部显示器，让乘客观看摄像机拍下的飞行画面。

燃料箱
按照空中客车公司的设计，飞机由液态氢和液态氧提供动力，同时也会使用飞机周围空气中的氧气。

乘客
这一设计概念最多可以搭载20名乘客和2名飞行员。

Antipode可以让两名乘客在1小时内抵达地球的另一端。

Skreemr将使用电磁发射系统，以便迅速加速至高速阶段。

可收缩涡轮喷气发动机
传统发动机用于起飞阶段，随后可以收入机身，使得飞机拥有更好的流线形机身。

未来的某一天，我们将会告别跑道。

未来的交通工具 — 高速假期

高速假期

我们也许很快就能实现同一天在巴黎看日出、在东京看日落的梦想。

送游客进入更高的平流层
走近 ZEHST（零排放超声速飞机），未来的高速零排放运输工具。

很多人把前往地球另一端看作人生难得的经历。除了费用高昂，这样的旅行也很消耗时间。当我们在长途飞机上依靠机内娱乐系统消磨时间时，我们只是在空中缓慢前进。

在 2003 年协和式客机退出市场后，我们便满足于亚声速飞行。可真想解决旅行的难题，还是要直面问题，造出比现有交通工具速度更快的新型飞机。如果将速度提高至更高级别的超声速，或者进入高超声速领域，我们就能大幅减少旅行时间，从而彻底改变人类探索世界的方式。

飞机的独特设计是空中旅行方式变革的主要障碍。固定在座位上、被火箭送出地球，想必这不是让大多数旅客感到舒服的出行方式。使用火箭进行国际旅行的成本高得令人难以想象，不仅流程复杂，还非常不环保。理想情况下，未来的高超声速飞机的运作方式应该更像现在的亚声速客机——乘客坐在密封舱里，飞机在传统跑道上无需外力就可以完成起降。

工程师们已经确定，使用多种类发动机就是将上述技术转变为现实的方法。起飞和降落可以使用一般的喷气式发动机；随后火箭发动机将飞机带入高空，让飞机获得高速；接下来就由超声速或高超声速发动机接管了。但这会是一段相当刺激的经历，有些设计师认为，他们的飞机必须以接近垂直的角度起飞！胆小的人也许觉得传统喷气式客机是最好的选择，但对那些希望最大程度利用时间、敢于体验垂直升入大气层的游客和生意人来说，高超声速旅行或许是未来的最佳选择。

火箭动力
起飞后，火箭取代喷气式发动机，将飞机的速度提高到至少 2.5 马赫。

喷气式发动机
起飞和安全降落时需要亚声速喷气式发动机。

氧气罐
和其他"呼吸空气"式发动机不同，火箭燃料燃烧需要使用储存的氧气。

液态氢
为火箭和冲压式发动机提供动力的是两罐液态氢。

轻型材料
由于携带多种发动机，机身必须使用轻型但又能承受高强度空气阻力的材料。

冲压喷气发动机
当飞机速度达到 3100 千米/小时的时候，空气可以被迅速挤压进冲压喷气发动机，进而产生动力。

乘客乘坐高超声速飞机只用不到 3 个小时就能从伦敦飞到悉尼。

高超声速飞机只需要一个半小时就能从伦敦飞到开普敦。

你知道吗？ 如果速度保持在 5 倍声速，你就可以在 7 个小时内完成环球飞行。

抑制音爆

无论超声速还是高超声速，突破音障都会产生巨大的声音。随着飞机加速，空气在机身的推动下形成一个冲击波。空气可以以声速移动，但随着飞机超过声速，压力的急剧变化就会产生震耳欲聋的声音，也就是音爆。

如果高超声速飞行想实现商用，音爆就是航空公司需要克服的主要障碍之一。世界上第一款、也是唯一一款超声速客机——协和式客机，就因为噪声问题而饱受批评，只有在飞行到海面上时才能突破音障。

美国国家航空航天局和洛克希德·马丁公司正在合作研发一种包含多种升力面的飞机，以阻止气流聚合。按照这种设计，飞机会出现一系列小音爆，而不是过去的一次大音爆，从而将音爆的声音限制在听起来像普通说话声音的程度。

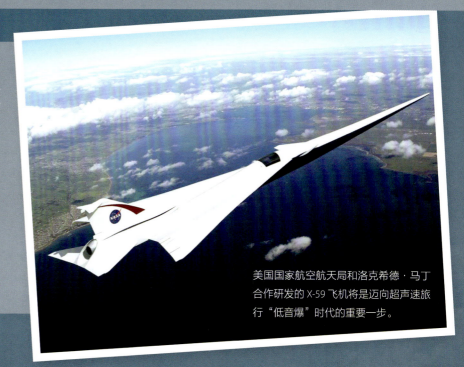

美国国家航空航天局和洛克希德·马丁合作研发的 X-59 飞机将是迈向超声速旅行"低音爆"时代的重要一步。

高超声速旅行可以改变我们探索世界的方式。

氦气罐
氦气用于给喷射剂罐加压，使得液态氢能在火箭发动机中燃烧。

密封舱
密封舱可以搭载最多 100 名乘客。

高空
为了让 ZEHST 面对最小的阻力，飞机在飞行过程中可以爬升到海拔 32 千米的高空，这是波音 747 的 3 倍！

流线形设计
尖锐的机头和狭长的机翼模仿了协和式客机，可以使飞机具有良好的空气动力性能。

告别耗时漫长的飞行
高超声速旅行让世界变得更小

波音 787
协和式客机
伦敦
1小时
ZEHST
纽约

伦敦到纽约飞行时间

时间	机型
1 小时	ZEHST 6180千米/小时（5倍声速）
3.5 小时	协和式客机 2180千米/小时（2倍声速）
8 小时	波音787 920千米/小时

未来的交通工具　　　　　　　　　　　　　　　　　　　　　　空中旅行

空中旅行

这些飞行汽车可以成为用户的低成本、短途交通选择

一个现实的飞行器

尽管很多创业公司承诺他们会率先发明飞行汽车，但空中客车公司凭借近50年制造飞机的经验，正在着手应对这个挑战。尽管看着很像直接从科幻小说中走出来的东西，但空中客车公司A3 Vahana设计时围绕的却是已有的机翼和起落架技术。目前Vahana已经进行了大约50次试飞。

Lilium Jet 并不使用喷气机燃料

Lilium Jet 2017年4月在慕尼黑机场完成了首飞，证明了这种全电动飞机的飞行能力。然而，Lilium Jet的飞行只持续了几分钟，两个座位上没坐一人，飞行员在地面控制了飞行过程。在欧洲空间局的支持下，Lilium自信能在2025年前研发出可供飞行出租车使用的电池。

自动驾驶无人机

高度为1.4米的亿航184可以每小时100千米的速度将乘客送到最近16千米外的地方。亿航184为无人驾驶飞行汽车，所以乘客只需要通过飞机内置Wi-Fi与184连接、在手机软件上输入目的地，汽车就会自动前往该地址。目前，亿航184已经完成了数千次试飞，被誉为世界首架载客"自动飞行器"，不过目前还没有确定的上市消息。

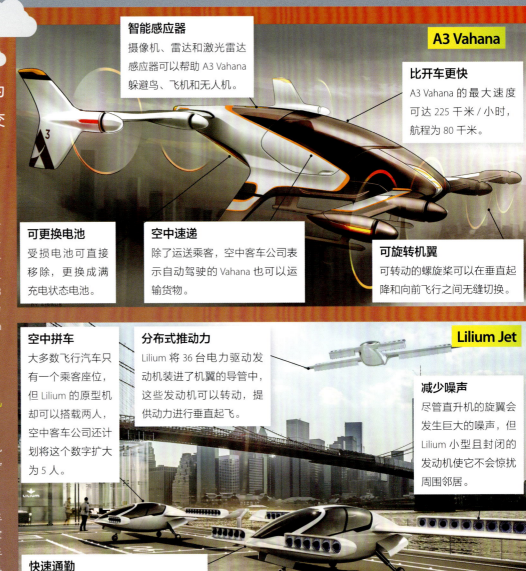

A3 Vahana

智能感应器　摄像机、雷达和激光雷达感应器可以帮助A3 Vahana躲避鸟、飞机和无人机。

比开车更快　A3 Vahana的最大速度可达225千米/小时，航程为80千米。

可更换电池　受损电池可直接移除，更换成满充电状态电池。

空中速递　除了运送乘客，空中客车公司表示自动驾驶的Vahana也可以运输货物。

可旋转机翼　可转动的螺旋桨可以在垂直起降和向前飞行之间无缝切换。

Lilium Jet

空中拼车　大多数飞行汽车只有一个乘客座位，但Lilium的原型机却可以搭载两人，空中客车公司还计划将这个数字扩大为5人。

分布式推动力　Lilium将36台电力驱动发动机装进了机翼的导管中，这些发动机可以转动，提供动力进行垂直起飞。

减少噪声　尽管直升机的旋翼会发生巨大的噪声，但Lilium小型且封闭的发动机使它不会惊扰周围邻居。

快速通勤　Lilium Jet的最大速度为300千米/小时，航程达到300千米。

亿航184

空荡荡的驾驶舱　亿航184里只有一张舒适的椅子、免费Wi-Fi以及手机支架和咖啡杯支架。

独自飞行　只设有一个座位的亿航184载荷只有120千克，因此一次只能搭载一名乘客。

最大速度　内设4个螺旋桨和8台发动机，亿航184的巡航速度可达100千米/小时。

指挥中心　亿航将自主运行空中交通控制中心（指挥中心），以监控所有亿航184无人机。

你知道吗? 尽管私家飞行汽车的价格极为高昂,但空中客车公司估计空中出租车每公里可能只需花费人民币 7~10 元。

抬头看天,Uber 来了!

Uber 早前宣布,他们开始向天空进发。2020 年时,Uber 将在迪拜和达拉斯试验 UberAIR 飞行出租车。届时,用户使用常规的叫车软件就能召唤空中出租车。

"对 Uber 来说,开拓城市空中市场是自然发展,这就是我们致力于将'按下按钮、搭乘飞机'变为现实的原因。"Uber 首席产品官杰夫·霍尔登在新闻发布会上表示。霍尔登补充道,尽管这些飞行汽车最初设计为有人驾驶,但在使用自动电动系统后,它们会比传统 Uber 车辆更廉价、更环保。

Uber 聘请了在垂直起降方面颇具盛名的飞机工程师马克·摩尔,还与其他航空制造商合作,开发其他产品。一旦飞行汽车可投入使用,Uber 还计划在交通便利的城市区域建造垂直升降机场——也就是配有充电桩的起降平台。

UberAIR 由最大飞行距离为 40 千米的空中出租车构成交通网络。

Uber 已经着手考察垂直升降机场的建设地点。

小鹰号飞行者掀起大波澜

小鹰号飞行者更像是一艘可以盘旋的水上摩托艇,而非飞行汽车。这是一种单人超轻型飞机,由八个电动旋翼提供动力。得到谷歌联合创始人拉里·佩奇投资的小鹰号飞行者,最大速度可达 40 千米/小时,最高可以飞到 4.5 米的高度。和水上摩托艇一样,小鹰号飞行者更像是休闲设备,而非交通工具,完全设计为水上使用。不过小鹰号的设计者坚称,用户不需要获得飞行员执照也能驾驶这个机器,而且只需几个小时就能掌握操作要领。尽管尚未确定价格,但公司已经开放官网进行预约试驾。

小鹰号飞行者目前并无在美国以外的地区销售的计划。

五大虚构飞行汽车

《飞天万能车》中的飞天万能车(1968)

由古怪的发明家卡拉克塔库斯·波茨发明,家用型的飞天万能车可以跨越整个欧陆,同时配有飘浮设备,可以攻击水面上的海盗。

《金枪客》中斯卡拉曼加的 AMC 斗牛士(1974)

邦德电影中的反派斯卡拉曼加将一辆双座跑车改为飞机,用于绑架。提到这辆车时,007 说:"它飞到了曼谷以西 300 多公里的地方。"

《银翼杀手》中的警车(1982)

为了在未来洛杉矶的摩天大楼间巡逻,在雷德利·斯科特的这部科幻电影中,警察用上了和鹞式战斗机一样可以垂直起飞并在空中盘旋的警车。

《回到未来 2》里的德罗宁 DMC-12(1989)

好像《回到未来 1》里把车变成时光机还不够劲爆一样,布朗博士用来自 2015 年的技术对车进行了进一步升级——所有车和滑板都能飞了。

《星际特工:千星之城》中的太空飞机(2017)

在吕克·贝松的科幻巨作中,太空飞机可以在城市用车和星际旅行模式间自如切换,而这辆车是由现实中的汽车厂商雷克萨斯设计的。

Uber 计划 2020 年内在迪拜和达拉斯试验飞行出租车。

未来的交通工具 ——— 乘坐私人潜艇畅游海洋

乘坐私人潜艇畅游海洋

驾驶深海飞龙（DeepFlight Dragon），探索海洋深处的秘密。

潜艇不再是海军或虚构的间谍专用的工具，深飞（DeepFlight）公司的新设备可以让任何人轻松地前往海底旅行。深海飞龙是潜艇与四轴无人机的结合体，配有六个旋转推进器，既能飞行又能在水下移动。简单的操控意味着深海飞龙的操控方式与无人机大同小异，所以无需接受长时间的培训也能驾驶这个潜艇。

这款潜艇上装备的深飞潜水管理系统（Dive Manager）可以监控下潜深度、电池消耗及氧气流量，而乘客只需要确定最大下潜值，其他就可以完全交给机器控制了。深海飞龙配备的磷酸铁锂电池一次充电最多可以在水下使用6小时，而且潜艇的噪声很低，你可以悄悄接近任何海洋生物。碳复合材料制成的底盘和加压舱可以保护驾驶员和乘客的安全，遇到危险时，潜艇的正浮力使其可以自动上浮到海面。

驾驭深海飞龙并不需要太多技术，但你确实需要很有钱才能拥有这么一艘潜艇。这艘潜艇的价格是惊人的100万英镑（约合880万人民币），而好消息是，这艘潜艇可以装进你的豪华游艇里。

前后两名乘客都可以控制这艘两座潜艇。

016

| 你知道吗？ | 深海飞龙不仅能安全地接近海洋生物，同时还非常环保。 |

简单的操控使得驾驶人无需接受太多培训也能驾驶深海飞龙。

规　格

尺寸：	5米×1.9米×1.1米
质量：	1800千克
作业深度：	120米
航行速度：	7.4公里/小时
有效载重：	250千克

深海飞龙是目前市面上最小、最轻的私人潜艇。

虚拟现实 — 虚拟现实的应用

虚拟现实

虚拟现实的应用

从训练医生到策划军事行动，了解虚拟现实如何改变世界。

你知道吗？ 杰克·怀特拥有一款应用软件，配合谷歌 Cardboard 头盔，可以 360°无死角地观看他的演唱会。

2016 年是虚拟现实（VR）改变世界的一年。德勤会计师事务所的一份研究预测，2016 年，当 Oculus Rift 及索尼、HTC 和 PlayStation 分别推出虚拟现实头盔后，这种产品的全年销售额达到了 10 亿美元（人民币约 70 亿）。

"虚拟现实头盔会变得像烤面包机一样普遍。"南加州大学创意技术学院医用 VR 部门主管阿尔伯特·里佐表示，"你可能不会每天都用它，但每个人都会有这个东西。"无论是想进入游戏世界，还是舒服地坐在沙发上畅游远方，虚拟现实都会带领我们享受新时代的家庭娱乐。

但是对一部分人来说，虚拟现实早已显著地改变了他们的日常生活；毕竟，这种技术应用广泛，并不局限于电子游戏。从远程手术、治疗病患，到训练士兵、策划军事行动，人们正在尝试数百项具有突破性意义的应用。

尽管虚拟现实技术让人兴奋，但也引起了一些人的恐慌。虚拟现实引起的症状类似于晕动症，这是由感官输入不匹配造成的症状。大脑预计一切都协同发生，但在模拟环境下，你可以观察到的移动，比如过山车晃动的轨道，实际上是感受不到的。这与传统的晕动症正好相反，传统的晕动症是内耳感受到了移动，但眼睛却看不到。不过两种情况的结果是一样的，这也是普及虚拟现实设备的巨大阻碍。

另一个难题是获得除视觉和声音外的其他信号，我们很难重现触觉，而触觉才是能让我们与周围世界完整互动的感知。除此之外，现在的虚拟现实只是孤立的体验，其他人无法分享你在头盔中看到的场景。不过，开发者已经着手研究解决方案了，比如触觉手套、无线追踪技术以及可以创设朋友头像的应用。不管怎么说，虚拟现实的未来拥有无限可能性。

人们正在尝试数百项具有突破性意义的虚拟现实应用。

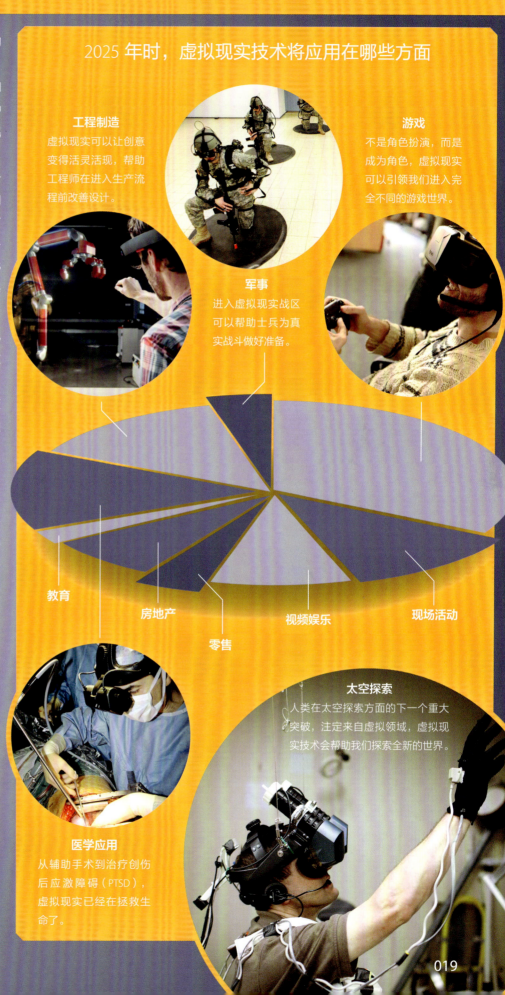

2025 年时，虚拟现实技术将应用在哪些方面

工程制造 虚拟现实可以让创意变得活灵活现，帮助工程师在进入生产流程前改善设计。

军事 进入虚拟现实战区可以帮助士兵为真实战斗做好准备。

游戏 不是角色扮演，而是成为角色，虚拟现实可以引领我们进入完全不同的游戏世界。

教育

房地产

零售

视频娱乐

现场活动

医学应用 从辅助手术到治疗创伤后应激障碍（PTSD），虚拟现实已经在拯救生命了。

太空探索 人类在太空探索方面的下一个重大突破，注定来自虚拟领域，虚拟现实技术会帮助我们探索全新的世界。

虚拟现实

虚拟现实的工作原理

虚拟现实的工作原理

了解带我们进入虚拟世界的神奇工具。

市面上已经出现了一些需要智能手机配合的虚拟现实头盔，可只有高端产品才能真正展示出虚拟现实的实力。Oculus Rift 和 HTC Vive 是目前处于领先地位的两款虚拟现实产品，用户曾以 600 美元（约合人民币 4000 元）的价格预购 Oculus Rift，并在 2016 年三月开始收到货物。这些虚拟现实设备内嵌有显示器，通过电线与电源相连，还需要外部感应系统追踪用户的移动。

欺骗大脑

虚拟现实头盔如何欺骗大脑，让你相信虚拟世界是真实的？

立体显示
虚拟现实头盔使用双镜片或分屏显示，将稍有不同的两个影像呈现在佩戴者的两个眼睛前，由此重现正常视野中的立体景象。

全浸式体验
虚拟现实头盔屏蔽了其他光线，耳机也能屏蔽其他声音，由此排除真实世界带来的干扰。

流畅的影像
虚拟现实影像需要以高帧速刷新，以避免任何人眼可见的闪烁摇晃，这种摇晃可能导致佩戴者出现恶心等症状。

舒适的设计
配有衬垫的目镜以及可调整头带，使得用户可以长时间佩戴设备。

3D 音频
内置耳机可以创造出 3D 环绕立体声效果，让虚拟环境变得更加真实。

可调整镜片
镜片可以调整到适合佩戴者视线的程度，使得即使戴眼镜也能使用这种设备。

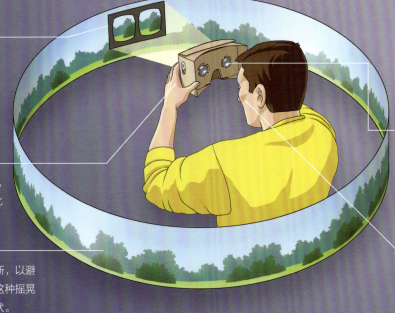

头部追踪器
感应器包含一个陀螺仪、一个加速计和一个磁强计，用于追踪头部位置，以便视线中的虚拟世界做出相应调整。

动态追踪
内置加速计和陀螺仪或者外部感应器，可以确定佩戴者的头部位置，帮助镜片中的影像根据佩戴者的视线位置做出相应调整。

正常视觉
两只眼睛看世界的角度略有不同，大脑将两种影像整合在一起形成 3D 图像。

你知道吗? 社交媒体巨头 Facebook 在 2014 年以 20 亿美元的价格收购了 Oculus Rift。

拆解 Oculus Rift 头盔

Oculus 出品的头盔如何带我们走入游戏世界?

虚拟现实(VR)vs 增强现实(AR)

微软的 HoloLens 看起来可能像虚拟现实头盔,但它实际上是增强现实眼镜。HoloLens 不会切断佩戴者与真实世界的联系,让人们完全沉浸于虚拟世界之中,位于佩戴者眼前的半透明显示屏会将虚拟元素叠加在眼睛看到的真实景象上。

前向式摄像机和感应器可以分析佩戴者的周围环境,以便 3D 全息影像叠加在眼前。举个例子,你可以将自己的卧室变为游戏《我的世界》(Minecraft)里的场景,或者把视频聊天投影到卧室墙上。更重要的是,HoloLens 属于无线设备,所有数据计算都在头盔内部完成,这意味着你可以像佩戴普通眼镜一样带着 HoloLens 随意走动。

微软的 HoloLens 并不只是简单的虚拟现实头盔。

外部感应器

佩戴者前方有一个小型红外感应器,这个感应器会追踪头戴式设备上的红外 LED 信号以确定位置。

高分辨率显示

5.7 英寸的 OLED 显示屏和三星 Galaxy Note 3 同款,位于佩戴者眼前几英寸的地方。

主板

新款虚拟现实头盔上控制显示界面的芯片为内置型,不像 Oculus 旧型号那样装在外部控制盒中。

分屏显示让两眼看到的景象略有不同。

 虚拟现实　　　　　　　　　　　　　　　　　未来的电影院

未来的电影院

电影产业如何利用虚拟现实及更多技术扭转日渐衰落的状态？

过去一个世纪里，电影产业的发展呈现出指数级增长趋势。尽管诞生时无人问津，但如今备受瞩目，电影也成为现代文化中不可或缺的组成部分。但银幕背后却非岁月静好。一个令人担忧的新趋势让行业领先者们焦虑不已：人们不再像过去那样经常去电影院看电影了。

2013—2014年，北美电影票房收入下降了5%，这种下滑意味着美国一些知名连锁电影院的盈利下滑可能超过50%。美国电影协会发现，2012—2013年，在18~24岁的年轻人中，经常去电影院看电影的人下降了17%，12~17岁年龄段的数据也出现了13%的下滑。而这两个群体其实是传统上最喜欢去电影院，为看电影和买零食掏空钱包的人群。

在如今的青少年眼中，大银幕的吸引力相比父辈及祖父辈出现了明显下降。每到周五万人空巷齐奔电影院观看最新电影，这早已成为历史。

智能手机、平台电脑和笔记本电脑无处不在，加上视频按需播放的选择越来越多，看一次电影也许只要轻点几次屏幕即可。富裕国家的家庭利用巨大的屏幕和环绕音响系统，在家里就能制造出不错的影院体验。

但和电影中的动作英雄一样，电影产业不会坐以待毙。技术人员正在将更多家庭无法承受的先进技术引入电影院，为人们提供更丰富的观影体验，使观众拥有更多走出家门、前往电影院的动力。

如何吸引观众？最常见的解决方法就是更大、更好。说到更大，就不得不提到IMAX——巨幕电影，它可以提供沉浸式体验，让观众彻底融入电影。1970年世博会首次展示了IMAX技术，但直到1994年，这种技术才正式面世。一经推出，IMAX便立刻赢得了好莱坞的芳心，其巨大的曲面屏引领了电影数位修复技术的发展。如今，全球范围内的IMAX屏幕数量早已经超过1000块，很多位于传统电影院中，且极受观众欢迎。

至于更好，激光投影技术起到了重要作用。近100年时间里，电影放映机大多使用电弧灯作为光线来源——最初是碳，后来变为氙气。在传统电影放映机中，光线穿过35毫米的胶片和放大镜，将影像投射到屏幕上。近十几年，越来越多的电

你知道吗? 一个 IMAX 放映机的重量超过 1800 公斤——相当于一辆家用小汽车!

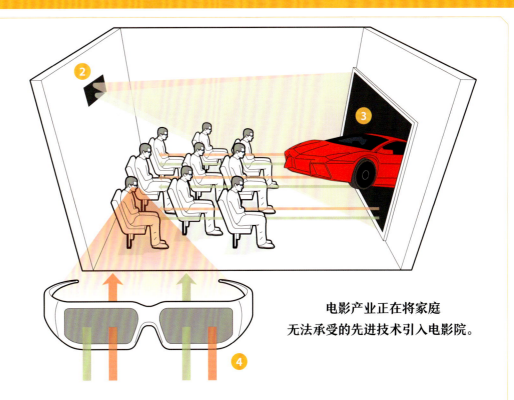

电影产业正在将家庭无法承受的先进技术引入电影院。

RealD 3D 技术的运行原理

RealD 是目前在电影院观看 3D 电影时使用最为广泛的技术。

1 立体捕捉
大脑将双眼看到的影像结合在一起,感知对象的深度与距离。拍摄 3D 电影时,特殊的摄像机会并排记录影像,模拟观众的左、右眼视角。

2 序列投影
左眼和右眼的影像以 144 的帧速按次序穿过一个数字投影机,每个影像都会穿过一个与左右眼顺序相对的圆形偏光滤镜。

3 银幕
含有银粉(或其他金属材料)的特制银幕可以完美地保持每一帧图像的偏光效果。

4 特制眼镜
RealD 眼镜使用了一堆左右相反的圆形偏光滤镜,使得观众的每只眼睛只能看到本该由左眼或右眼看到的影像,由此使影像具有了立体感。

影院开始使用数字投影技术。这种技术一方面可以节省成本,另一方面还能提高影像质量。

数字投影机仍在使用氙弧灯,但会利用多个棱镜及滤镜将影像分为三种原色——红、蓝、绿,再将每一种光导入三个空间光调制器(SLM)中的一个。每一个调制器只有几厘米宽,却能将光线分散为数百万个细小的光束,每一个光束表现为画面上的一个像素,再穿过投影镜片投射到屏幕上。

数字技术的出现让电影分销成本大幅降低,硬盘的运输难度显然低于成箱的电影胶片。此外,无论播放多少次,数字技术始终能将清晰的影像呈现在观众面前,不会出现传统胶片因为播放次数过多而导致清晰度下降的情况。如今,全球超过 80% 的电影院使用了数字技术,但有一些电影狂热爱好者抱怨说,数字技术没有 35 毫米胶片里强烈的光影对比。

在这种情况下,激光投影机应运而生。作为 2012 年才首次商用的新技术,激光投影技术也许才是投影技术真正的"圣杯"。激光投影机的工作原理与数字投影机相同,但用红、蓝、绿的激光替代了氙弧灯。激光投射出的图像具有无与伦比的清晰度和色域,影像的精细程度不输任何高质量的胶片。此外,激光投射出的影像亮度是电弧灯的两倍。激光投影机的性价比更高,商用时间可能长达十年,相比传统氙弧灯投影机有了显著提高,后者的使用寿命通常只有 500~2000 小时。

对电影爱好者来说,流明(光通量单位)和对比度的提高自然是好事,但仅凭这些技术上的改变仍不足以吸引 15 岁的青少年走出家门、走进电影院。为了吸引年轻观众,电影院正在想尽办法地增强观影体验。4D 电影院为观众提供了与电影互动的机会,模糊了电影院与主题乐园之间的界限;3D 电影技术大幅提高,包括梦工厂在内的电影公司正雄心勃勃地制订将虚拟现实技术融入电影的未来计划。

未来几年将是电影产业历史上发展速度最快、技术更迭最频繁的时期,快去附近的电影院亲自体验吧!

虚拟现实

未来的电影院

虚拟现实技术如何为电影院带来革命性改变?

走进私人电影院,或者走进电影场景!

制作过诸如《功夫熊猫》《马达加斯加》《驯龙高手》等众多动画大片的梦工厂正在开发一种能让观众直接走进梦幻世界的技术。被梦工厂命名为"超级电影院"(Super Cinema)的这项技术创新突破了传统银幕的尺寸限制,位于中心的观众将被360°包围,能够获得完全沉浸式的体验。梦工厂的理念是,搭配类似 Oculus Rift 或 Gear VR 这样的虚拟现实头盔,使用者戴上头盔就能看到虚拟 3D 世界,观众可以转向任何方向,观看屏幕的任意部分。

电脑动画通过实时渲染或预先渲染两种方法制成。实时渲染在电子游戏等其他互动式体验中有着广泛应用;取决于玩家视线方向,游戏将确定选择什么画面。问题在于,实时渲染是一个非常消耗时间的过程,加上如今电脑动画异常复杂,这种方法会让帧速减慢到观众可能看到静止画面或者画面彻底停滞不动的地步。而每一个场景均提前画好或做好装载准备的预先渲染,可以明显加快上述流程,让观众获得更流畅的观影体验。

不过现实中也存在一些问题。每一部360°影片的每一帧都需要包含任何角度的画面,这会极大地增加文件规模及影片制作时间。超级电影院还缺少位置追踪功能,这种功能可以根据个人头部的倾斜角度来对画面做出细微调整,但不会将每个人不同的瞳距(两眼之间的距离)计算在内,所以某些观众会因此感到头晕。

决定超级影院成败的关键,是虚拟现实头盔的质量。目前可供消费者使用的此类设备极少,但未来几年,估计会涌现出大量产品。新技术爱好者最关注的自然是 Oculus Rift,其生产商 Oculus 也在考虑虚拟现实电影院的概念,但与上文提到的超级电影院略有不同。虚拟现实头盔的最新发展,是让"穿戴者重拾传统看电影的体验",无论在家里、坐公交还是上课时,只要戴上虚拟现实头盔,就能自由进行如挑选座位、环顾四周、自主选用大银幕看 2D 或 3D 电影的这些活动。

虚拟现实头盔
可调节的皮带以及柔和的眼罩可以让使用者精准调整设备,获得最大的舒适感。

外部位置追踪器
面向使用者的追踪器使用红外感应器确定使用者的头部在 3D 空间中的位置。

主板
主板是设备的大脑,其中包含一个六轴加速计、一个陀螺仪和一个磁强计,每秒可进行 1000 次位置阅读。

Oculus Rift DK2

这个设备为什么如此神奇?

屏幕
前置面板使用了三星 Galaxy Note 3 的屏幕,这是一块 14.5 厘米的超级 AMOLED 屏(主动式有机发光显示器),可以向每只镜片传输 960x1080 像素的画面。

超级电影院的银幕,将是 360° 全包裹式的银幕。

1 追踪器位置
通过几个连接点固定的追踪器可以保持完美角度。

2 追踪器控制板
其中包括一台 CMOS 图像传感器,一台晶体振荡器和一台网络摄像机控制器。

3 组装镜头
配备了广角镜头的摄像机可以让使用者看到尽可能多的画面。

4 红外滤光器
只有红外线可以进入摄像机。

> **你知道吗？** 2014 年，Facebook 以 20 亿美元的价格收购了 Oculus，希望将虚拟现实技术的应用扩大到医药、教育和通信领域。

外部眼罩
外部眼罩上安装了 40 个红外 LED 灯，外部红外探测器可据此追踪眼罩的移动。

可互换镜片
每个设备额外配备两组不同焦距的镜片，可以满足不同视力用户的需求。

超越 3D：引入四维空间

对于那些渴望更接近电影场景的观众来说，4D 影院可以满足他们的愿望。4D 影院结合了 3D 电影的视觉冲击，同时配合了实体及感官上的刺激，比如闪电、喷射气体和水、散发气味和烟雾、座椅晃动等，以强化观影体验。

4D 影院的座位以小型集合形式出现，影厅后部的巨大空气压缩机控制着座椅的晃动，同时也会提前根据不同电影内容编排其他特效。有些电影院甚至标榜自己推出了 5D、6D 甚至更多维度的电影，但这不过是营销伎俩，他们把每一种不同的人体感官都算成一个维度。

音响系统
标准的 5.1 环绕音响系统，屋顶的扬声器让声音效果得到强化，给人一种"上帝之音"的感觉。

震动板
创造有助于提高戏剧性的感官体验，比如说雪崩时剧烈摇晃。

可移动支架
可以让座椅上下、左右、前后移动，从而模拟电影中的场景。

感官刺激器
受座椅中的空气喷射器控制，在电影中出现蜘蛛时制造身边有蜘蛛爬过的效果，让观众毛骨悚然。

整体效果
可以制造气泡、薄雾、气味、闪电，甚至大火的特效！

特效喷射器
出现大风、下雨等场景，或者电影中血迹四溅、出现惊悚或高速移动场景时，可以喷射水及气体。

帧率如何影响我们的感知

看电影时，我们的眼睛看到的其实是一系列静止画面，只是因为投影机切换速度极快，我们的大脑才将这些静止画面视作无缝衔接的连贯影像。简而言之，电影就是高科技版的手翻动画书。

大脑对图像连贯还是静止的判断标准，最低为每秒 16 帧。帧率越高，影像看起来就越真实。在此基础上，电影产业确定了每秒 24 帧的帧率，在制作成本与影片真实度之间取得了平衡。

如今的大型电影公司可以负担更高帧率的电影，为观众提供更好的观影体验。问题在于，提高帧率也有可能起到负作用。彼得·杰克逊 2012 年拍摄的《霍比特人》的帧率为 48，结果遭到众多观众批评。经过数十年的"洗脑"，我们已经习惯了 24 的帧率，甚至把这一帧率视作"电影体验不可分割的一部分"。因此，高度写实的影片会让观众感到迷茫，进而成为观影体验提高的障碍。

虚拟现实

未来的电影院

走进 IMAX

IMAX 无疑为观众提供了世界上最令人震撼的观影体验。IMAX 技术 1970 年诞生于加拿大，目前在全球拥有超过 1000 个 IMAX 剧场。IMAX 最显著的特征就是巨型银幕，大到可以占据观众的全部视野，让观众产生极强的沉浸感，在动感极强的画面出现时甚至会产生恶心的感觉！

IMAX 技术

IMAX 影院巨大的画面，配上无与伦比的高清晰度，给观众带来了全面的沉浸式体验。

座位

座位坡度高，所以即便是儿童，视线也不会受到干扰，观众的视线可以像现实生活一样上下移动。

音频系统

六声道音频系统通过屏幕上数千个小孔将声音传向观众。

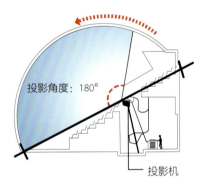

OMNIMAX 球幕

由金属制成的球体涂装高反射性白漆，将整个观众席包裹在巨大的影像之中。

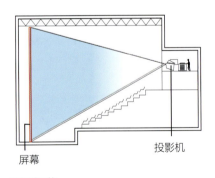

平面银幕

银粉涂装的屏幕反射光线的性能强于白色屏幕。

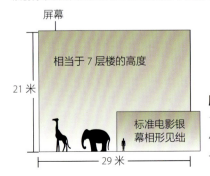

胶片格式

15/70——70 毫米 15 孔的胶片尺寸是传统 35 毫米胶片的 10 倍，这种格式让 IMAX 电影拥有极高的清晰度。

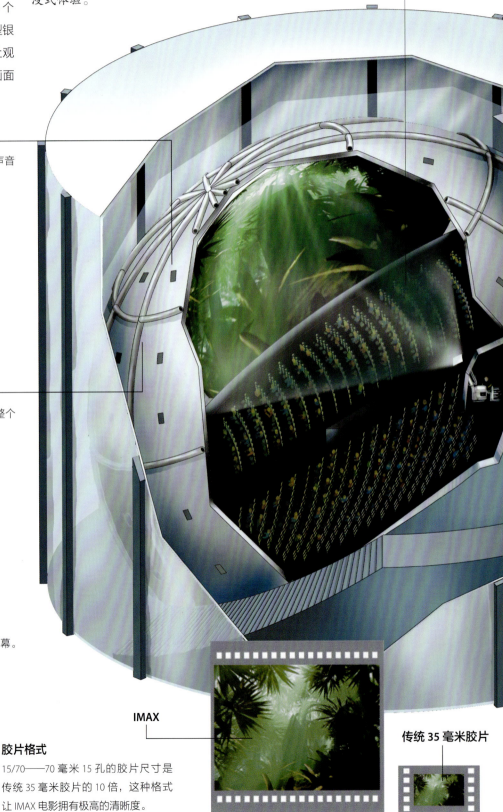

你知道吗? 谷歌的 Cardboard 虚拟现实眼镜是一个可穿戴的硬纸板,配备了一个智能手机卡槽——这东西真能用!

激光引领的多元化未来

IMAX 3D
观众佩戴能够制造 3D 效果的眼镜。

至今仍没有咀嚼声更小的爆米花问世

从电弧灯到激光,一个小小的改变就给依靠上述光线来源投影的电影院带来无限可能。将大功率红、绿、蓝色激光灯集中在一起的"光线农场"与电源相连,通过影院屋顶空调系统的液体冷却。光线穿过剧场通过纤维光缆与光线农场相连的投影机(其中安装空间光调制器与镜片)将快速切换的画面投射并对焦到银幕上。

在这套系统中,光线农场发射的激光可以为同时播放的不同电影提供光源。由于不再需要专门的投影室,加上投影机和光线农场可以远程操控,因此电影院的运行成本将会大幅降低。

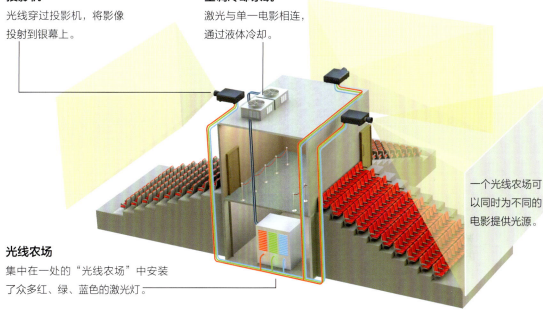

投影机
光线穿过投影机,将影像投射到银幕上。

空调冷却系统
激光与单一电影相连,通过液体冷却。

光线农场
集中在一处的"光线农场"中安装了众多红、绿、蓝色的激光灯。

一个光线农场可以同时为不同的电影提供光源。

世界上第一套投影系统

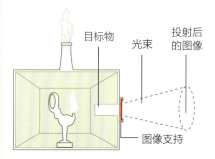

目标物　光束　投射后的图像　图像支持

诞生于 17 世纪的加拿大
"魔术幻灯"是世界上第一套与现代投影机相似的设备,这种设备使用蜡烛或油灯作为光源。

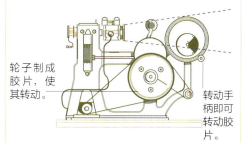

轮子制成胶片,使其转动。　转动手柄即可转动胶片。

1895
卢米埃尔兄弟发明了投影机,其机械结构方面的灵感来源于缝纫机,这台机器在巴黎向公众进行了展示。

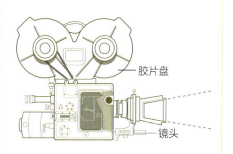

胶片盘　镜头

1932
彩色电影开始崛起。使用彩色印片法的摄像机将红、蓝、绿三色叠加在一起,使影片呈现出各种颜色。

027

未来的购物

从机器人销售助理到虚拟试衣间,科技将会彻底改变零售业。

花花公子实验室正在尝试互动式信息显示屏与智能脚步计数器。

毫无疑问,互联网已经改变了我们的购物方式,越来越多的人愿意坐在家里上网购物,而不是走出家门去实体商场逛街。无需排长队,不用再提着沉重的购物袋,互联网提供的这种生活方式自然对消费者有着极大的吸引力,但零售商们也能从这种新态势中获得巨大的收益。

消费者在网上浏览商品信息时,商家也能通过cookies(网络信息块)收集大量有用数据。访问网站时,消费者的电脑上会下载cookies这个简单的文本文档,这个文档会储存消费者浏览的商品信息。通过分析cookies,零售商就能根据消费者的偏好准确投放信息,让消费者更容易关注这些广告。这种个性化的服务通常有助于提高销量,但是实体商店很难利用这种技术的优势。

在众多实体商店苦苦挣扎时,一些聪明的创新者正在开发可以帮助这些商店的新技术。伦敦一家男装品牌及生活方式专营店"花花公子实验室"(Dandy Lab)提供试验场所,让创新公司在真实的顾客身上试验不同的创意。"目前,网上商店使用了很多技术,但实体商店却没有什么变化。"联合创始人茱莉亚·贝尼亚克西纳表示,"我们希望将科技融入实体商店,让线上购物转移到线下时实现无缝衔接,

引领前进之路　　飞利浦的系统如何帮助我们准确地找到货架?

1 发出信号
进入商店后,头顶上的灯会发出特定的识别码。

2 确定自己的位置
智能手机摄像头接收到识别码,确定使用者在商店内的准确位置。

3 计划路线
手机上的应用将会设计出最高效的路线,帮你买到购物清单上的所有商品。

4 获得打折信息
走在货架之间时,头顶的信号灯会将附近商品的打折信息发送到手机上。

> 你知道吗？ 亚马逊在西雅图开了一家书店，亚马逊网站上的书评会直接显示在书旁边的货架上。

为消费者提供更多便利。"

花花公子实验室除了将服装销售与零售科技实验室结合在一起，目前还正在测试一些能够提高购物体验的方法。比如可以将服装信息发送到用户手机上的智能假人，以及一个可以扫描产品条形码就能立即支付、免去排队之苦的移动支付应用。这家商店还希望通过智能会员卡的方式"再现"互联网上的cookies技术，帮助销售人员为顾客提供更加个性化的服务。"我们给每一名顾客一张带有RFID（射频识别）芯片的会员卡，商店大门上装有射频识读器。"茱莉亚说，"只要顾客再次走进商店，我们立刻就能接收到他们买过什么以及有哪些偏好等各种信息。这能让销售人员更深入地了解顾客，并根据他们之前的购买记录推荐新的商品。"

在茱莉亚看来，使用这种技术的重点不是与网上零售商竞争，而是帮助线上与线下购物优势互补。"对实体店来说，最主要的好处是可以展示商品，为顾客提供体验。"她解释道，"我们发现很多人去实体店就是为了试衣服，去触摸商品、感受商品，以确定是否真心想买，然后回家上网购物。另一方面，他们会先上网研究，然后再去实体店试穿并购物。所以说，线上和线下两种渠道需要合作。这个技术在一定程度上能将两者结合在一起，为消费者提供无缝式购物体验。"

未来的实体店也许只是商品展示厅，只存放可供试用的样品，消费者在试用后可以通过互动式显示屏购物。也许我们不再需要去商店，仅需要佩戴虚拟现实头盔就能在购物前浏览商品并与之互动。不过，目前的实体商店已经出现了很多变化。从帮助消费者了解低价信息的蓝牙信号，到无需试穿就能看到试穿效果的增强现实镜子，现在去商场购物可以体验更多高科技产品。

智能假人可以将服装信息发送到顾客的手机上。

虚拟现实购物

不用离开家门半步，就能在商场里闲逛，尝试各种商品，这会是怎样一种体验？随着几款虚拟现实头盔同世，上述幻想正在迅速成为现实；无需应对汹涌的人潮，我们也可以享受购物的乐趣。虚拟现实技术还能带来一些独特的"买前试用"机会。汽车厂商沃尔沃与微软 Hololens 合作推出了虚拟展示厅，顾客不仅能看到汽车的全息影像，还能看到车辆行进时的景象。在虚拟现实制作公司 Visualise 的帮助下，消费者在托马斯·库克旅行社购买旅游产品前也能提前体验目的地的风情。

虚拟现实的发展使得我们不出家门也能逛街。

沃尔沃的虚拟现实展示厅可以让消费者看到汽车的内部工作原理。

接收打折信息

人人都爱打折，在新零售技术的帮助下，发现打折信息的难度在不断降低。被称为信标（beacon）的设备是一个小型蓝牙发射机，这个设备可以装在商店里，与过往消费者的智能手机通信。伦敦的摄政街已经用上了信标设备，消费者路过一家商店时，信标可以将独家打折信息发送到手机应用上，刺激消费者走进商店享受打折优惠。

如果说信标可以探测到附近的消费者足够惊艳的话，飞利浦的闪电系统可以说更上一层楼。飞利浦在法国里尔的家乐福超市里安装的LED灯可以准确定位消费者在店内的位置，再发送附近商品的打折信息。这个技术的正式名称叫可见光通信技术，使用快速闪烁的LED灯释放可由手机摄像头捕捉的信号。

智能假人中安装的信标可以告诉顾客假人究竟穿了什么衣服。

虚拟现实

未来，商场会变成什么样？

一起了解改变未来购物方式的高新技术。

感应器与追踪器

更多地了解走进商店的消费者，有助于零售商为消费者提供更为个性化的服务。与其使用可能侵犯个人隐私的面部识别系统，霍克斯顿分析公司已经开发出了一种脚步计数器，可以通过人们的鞋子收集数据。走进商店时，摄像机会拍下人们的脚部；处理器利用智能算法确定大致年龄、性别以及偏爱的品牌。其他感应器也可以通过追踪消费者智能手机上 Wi-Fi 信号的方式追踪他们关注了哪些商品。

信息显示屏

实体店只能储存数量有限的商品，一些商店已经开始使用数字显示，让无法在店内找到心仪商品的顾客有机会了解全部的商品。这种技术未来可以发展为虚拟商店，比如韩国商店 Homeplus 正在进行的试验。他们的商品信息可以展示在地铁站的墙面上，只要用手机扫描二维码，乘坐地铁上下班的人们预订商品后，就能在家等待送货上门了。

虚拟试衣间

我们不再需要真的试衣服，相反，衣服可以在试衣间的镜子中叠加在我们的实时影像上。魔术镜使用 Kinect 身体感应器监测镜子面前的人所在的位置，确保衣服的图像出现在镜子中的正确位置上。只要摆个姿势，或者触摸屏幕控制器，我们就能换上一套新的衣服，甚至还能拍下照片发给朋友征求意见。

3D 打印机

除销售 3D 打印产品外，一些商店还允许顾客打印自己想要的东西。目前，市面上已经出现了不少 3D 打印店，在不远的未来，3D 打印店可能成为每一个商场的标配。消费者既可以下载设计，也可以自行设计；既可以等待商品打印完成，也可以将设计提前发送给 3D 打印店，稍后再去取回成品。

你知道吗？ 乐购（Tesco）加油站正在试用面部识别软件，在顾客结账时有针对性地播放广告。

智能标签
衣服上的标签不再只有洗涤提示。随着电子元件越来越小、价格越来越低廉，挪威公司 Thinfilm 使用近场通信（Near Field Communication）技术已经研发出了小巧灵活的智能标签，这种标签可以将与商品相关的大量有用信息发送到消费者的智能手机上。智能标签可以提醒消费者食物中含有哪些过敏源，或者告诉消费者更多关于产品生产过程的信息。

市面上已经出现了不少 3D 打印店。

数字窗户显示屏
麻省理工学院的研究人员已经研究出了可以取代商店窗户的透视显示屏。材料中内嵌的纳米颗粒只分散特定波长的光线，使屏幕看起来仿佛透明一般。相比传统窗户，这种新型数字窗户显示屏能为消费者提供更多商品信息及广告，这些信息可以根据天气变化、时间，甚至路过的行人不同而发生变化。

机器人销售助理
商店里的货物如此之多，销售人员很难记清每一个细节。这就是卡内基梅隆大学的研究人员开发 AndyVision 的原因，AndyVision 是一种可以四处移动、扫描货架并为消费者绘制互动性购物地图的机器人。这种机器人也能清点库存，在商品库存低或者摆放位置出现错误时提醒销售人员。

无人机配送
如果买完东西不想自己拎回家，也不愿无休止地等待配送，你可以选择无人机配送。目前，类似亚马逊 Prime Air 这样的送货无人机只允许在操控员视线范围内飞行，但随着计算机性能的提高、感应器价格的降低，自动飞行在未来会变得更加安全。

未来的旅行

2050年，我们如何旅行？

选择适合你的现代交通方式

达索系统公司的飞行游轮概念机

Spike 公司的 S-512 喷气机的速度堪比协和式客机

有了 TF-X 飞行汽车，我们可以远离机场

长达 90 米的豪华游艇 JAZZ 有一个室内游泳池

随着高新技术不断取得突破，到 2050 年时，度假将会变得异常轻松。我们会在接下来的内容中详细说明从计划、预订到出行和享受假期的每一个步骤。

下文将提到的一些技术尽管看起来不可思议，但这些技术要么已经成为现实，要么正在研发阶段。以预订行程为例，也许你已经在使用对比价格的网站寻找最优惠的价格了，但现在不需要输入信息，线上旅行社就能知道你的偏好。旅游公司天巡网（Skyscanner）的联合创始人兼 CEO 加雷斯·威廉姆斯表示："旅游信息搜索和预订会像在亚马逊买书一样简单。"

正如天巡网酒店部门主管尼克·古普特此前预测的那样，选择度假地点时也不再需要猜测。古普特说："10 年后，旅行者可以通过虚拟的方式实时走进自己意向中的酒店。"

长途旅行的痛苦早已成为历史，前往目的地的过程同样充满乐趣。2016 年，来自设计工作室"时刻工厂"（Moment Factory）的梅丽莎·威齐尔表示："在不久的将来，机场将成为假日体验的固定组成部分。"从那之后，自动值机及快速安检让乘坐飞机变得更加轻松。

度假目的地也会发生巨大的变化，未来主义者丹尼尔·布鲁斯预测道："前往低地球轨道、享受几分钟失重体验的相对实惠的旅行，很快就能成为现实。"现在，我们已经将目光对准了月球和火星。

你知道吗? 迪士尼的 Revel 互动界面可以在手指划过地图时让你体验到崎岖的地形。

预订行程
从一开始就享受 VIP 待遇。

选择目的地
社交媒体及互联网零售商使用会员资料监控用户行为、调整用户能够看到的内容。现在的旅行社也在采用类似的方法，通过记录用户的好恶，配合由 Affectiva 公司研发的面部编码算法，搜索引擎可以识别人类表情，评估用户对搜索结果的满意程度。

正在开发

使用电子服务员
你可以从本地旅行社租借人工智能服务人员，协助制订旅行计划。这个技术类似于 JIBO（一款家用社交机器人），是 2015 年推出的个人助手，使用两个高清摄像头识别面部表情，利用算法了解人类的喜好并做出调整。

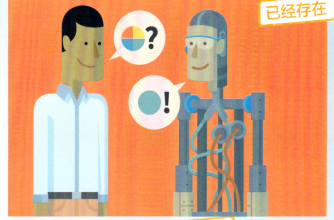

已经存在

已经存在

虚拟度假
虚拟现实头盔可以让你在掏钱前先行体验。两个镜片在两眼前呈现略有不同的图像，就能复制我们日常看到的立体景象来"欺骗"大脑，让大脑误以为虚拟世界是真实的。此外，迪士尼公司 2012 年开发的 Revel 系统使用电子信号创造了触碰的感觉。

正在开发

轻松预订
虽说类似 Expedia 这样的应用在 2016 年已经能让人们安排好大部分行程了，但 2050 年的科技只会更加进步。只需要在智能手表上轻点一下，你就可以使用一站式应用软件预订飞机、酒店和度假活动，就连前往机场的行程也包括在内。

人在机场
高科技如何减轻旅行的压力？

正在开发

智能标签
托运行李时，行李上会添加带有近场通信（NFC 芯片的标签。这些标签在扫描过程中靠近其他 NFC 芯片时，就会自动无线传输你的个人及飞行信息。只需打开应用软件，你就能追踪自己的行李每次被扫描的记录。

正在开发

生物信息扫描
识别身份不再依靠护照，而是靠生物数据卡。一台能够记录可见光和红外线的照相机拍下你的眼睛，能够捕捉虹膜的独特模式与特点。乘客通过扫描眼睛确定匹配与否才能登机。

已经存在

快速安检
皮秒程控激光机是一台能让人体与所携带物体的分子振动的扫描仪，这种扫描仪通过振动的方式可以确定包括火药及胃容物在内的各种物质。皮秒程控激光机的安检速度是传统扫描仪的 1000 万倍。

033

虚拟现实

未来的旅行

坐上飞机

飞机上娱乐选择众多,可以陪你度过整个旅程。

与其在登机口无聊地等待,不如自由地探索机场的屋顶花园,参观艺术展或购物。无需担心误机,因为3D全息影像助手会在开始登机时出现在你身边做出提醒。

在20世纪60年代激光技术发展时就有了全息影像,但近年来科技的发展使得这一技术变得更加完善。过去的全息影像技术是将一束激光分成两部分,每一束激光使用镜面对准物体。激光在物体上反射后重新结合在一起,就形成了静态全息图。近些年,我们已经掌握了动态全息影像技术。带来极度逼真的3D娱乐内容的同时,动态全息影像技术也将投入实际应用。

登上飞机后,你会发现"空客概念客舱"变为现实,乘客不再局限于各自的座位上。头等舱及经济舱被满足乘客不同需求的"区域"取代,你可以自行选择放松、与其他乘客交流或者玩游戏。

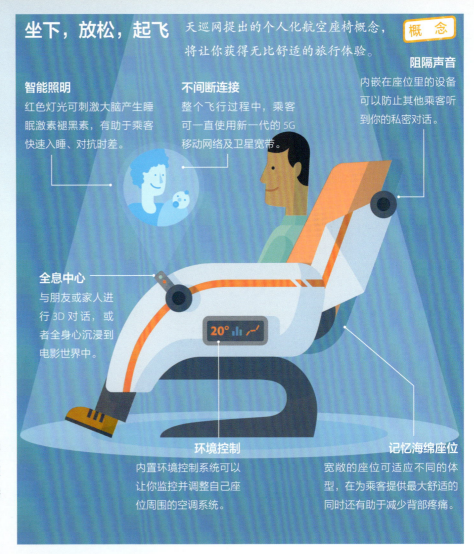

坐下,放松,起飞

天巡网提出的个人化航空座椅概念,将让你获得无比舒适的旅行体验。

概 念

智能照明 红色灯光可刺激大脑产生睡眠激素褪黑素,有助于乘客快速入睡、对抗时差。

不间断连接 整个飞行过程中,乘客可一直使用新一代的5G移动网络及卫星宽带。

阻隔声音 内嵌在座位里的设备可以防止其他乘客听到你的私密对话。

全息中心 与朋友或家人进行3D对话,或者全身心沉浸到电影世界中。

环境控制 内置环境控制系统可以让你监控并调整自己座位周围的空调系统。

记忆海绵座位 宽敞的座位可适应不同的体型,在为乘客提供最大舒适的同时还有助于减少背部疼痛。

模块化飞机

概 念

一种将客舱分为工作区、休息区和娱乐区的区域化设计。

沉浸式娱乐 乘客可以在虚拟游戏墙上练习网球或高尔夫,也可以戴上虚拟现实头盔进入电影世界。

互动型窗户可以为窗外的景色添加有趣的信息。

放松的环境 客舱中的清香与柔和的声音有助于乘客快速进入深度睡眠。

私人空间 独立房间可以让乘客进行商务电话会议,吃一顿浪漫的晚餐,或者在飞机上哄孩子睡觉。

全景景象 只要挥一挥手,机体就会变成透明状,让乘客看到外面的壮丽景象。

自助清洁 灵感源于大自然的防尘涂层可以让飞机时刻保持整洁。

你知道吗？　韩国仁川机场的自助柜台可以为八家主流航空公司提供三分钟快速值机服务。

抵达目的地

智能酒店房间确保你的无压力之旅继续进行。

　　走下飞机，依靠生物信息卡迅速通过海关后，你会发现一辆无人驾驶出租车正在等待将你送到酒店。你不再需要去前台办理入住并取走房间钥匙，而是可以直接走到房间门口使用手机开锁。这个系统已经被希尔顿及万豪集团采用。

　　你的行李将由机器人管家送到门口，比如雅乐轩酒店（Aloft Hotel）在加州的酒店就使用了名为 Botlr 的机器人。你可以通过应用软件让 Botlr 送上洗漱用品，也可以在长途旅行后让它及时送上美食。

　　正如家中的一切与互联网相联一样，酒店房间里也都是智能设备，且易于使用。你甚至可以将家中习惯的温度上传至酒店房间的 Nest 恒温器中，将家庭照片显示在房间墙壁上，让酒店中的一切都变得和家一样。

　　Sleep Number x12 大床可以保证高质量的睡眠，这种床配备的感应器可以监控睡眠，确保在最合理的时间温柔地响起闹钟唤醒你。这种床甚至还能调整枕头位置以防伴侣打呼噜。这些技术在 2016 年已经出现，并被世界各地的酒店逐渐接受。

已经存在

未来的酒店房间

布满高新技术的房间能让住客感受到家的温暖。

动态感应 进入房间后，灯会自动打开，咖啡机会自行开始煮咖啡。

智能镜子 新的一天开始时，当地天气信息、新闻及你的电子邮件都会显示在镜子上。

触屏控制 互动中心可以控制所有与互联网联接的设备，你可以根据个人喜好调整房间的温度、湿度和亮度。

无钥匙入住 只需要在手机上下载密码、在房门扫描即可，无需排队办理入住。

用生物信息保证安全 将个人财产保存在安全的地方，只有扫描指纹或视网膜才能解锁。

机器人管家 只需一个应用软件，你就能随时召唤机器人管家运送行李、提供房间服务、提供干净的毛巾及更多用品。

虚拟现实头盔 利用房间里的虚拟现实头盔，付费虚拟观赏当地的知名景点。

无线充电 忘带手机充电器或插头转换器？别担心，有床边的感应充电器就够了。

世界上真实存在的奇特酒店

冰冻酒店 瑞典完全用 snice（雪与冰的混合物）制成的冰酒店（Icehotel）夏天会融化，每年冬天重建，建造时间持续六周。酒店内的温度为 -5~-7 摄氏度。

盐宫 位于玻利维亚世界上最大的岩滩边缘的盐宫，建造时使用了 100 万块盐砖。其中共有 16 个房间，一个水疗中心和一个高尔夫球场。从墙壁到床，盐宫里的一切都是用盐做的。

飞机酒店 如果离开机场后还没坐够飞机，你可以去 Jumbo Stay 飞机酒店继续享受。位于瑞典阿兰达机场附近的这个由波音 747-200 飞机改建的酒店，共有超过 30 个房间。

虚拟现实 — 未来的学校

未来的学校

未来的教育究竟什么样？

> **你知道吗？** 宇宙沙盒是一家真实存在的虚拟现实体验公司，玩家在这里可以创造行星并观察它们的运动。

现代的教室与维多利亚时代的课堂相比并没有太多区别。老师仍然站在前面，与之相对的是回答问题并手写笔记的孩子。戒尺消失了，吱吱作响的粉笔被马克笔取代，但教学的形式并没有出现变化。

想一想同一时间段里人类取得的其他进步，比如登陆月球、揭开人类基因谜题、创造出可以装在口袋里的超级计算机，教育方式的发展就显得非常奇怪了。教育为什么在20世纪停滞不前呢？

但在一些学校，情况并非如此。教学、交流和科技方面的进步在世界范围内彻底改变了学生的学习环境，未来的进步只会越来越多。仔细观察现代的课堂，你可能会看到最初被忽视的一些细节：过去的手写笔记变成了用触控笔在iPad上记录，手写笔记随后直接转成文档，存储在云端。显示屏的互动性更强，教师通过远程智能控制可以展示网页、视频或更多内容。

事实上，尽管基础教育形式大体没有变化，但科技让孩子的学习方式、学习内容以及教师的教学形式均得到了提高。课本仍然是学校经历的重要组成部分，但越来越多的传统纸质课本开始被电子书及在线研究课程取代。在一些学校，学生可以租借iPad或其他平板电脑，里面装有他们一学年的阅读内容。小学生不必像过去那样背着沉重的书包，他们只需要一个设备。更重要的是，他们可以随时记录，或者划出有用部分，而不必担心弄脏课本。

当然，这些课本中也包含辅助学校的网站链接。数字页面上包含更多学习内容或家庭作业等有用信息，甚至还能让学生上网考试。教师可以上网检查谁参加了考试、考了多少分，对每一个学生的了解也会更加深入，甚至能了解学生在每道题上花了多长时间。

互联网已经成为极有价值的教学资源，网上的内容也越来越多地出现在课堂上。教师不再需要寻找提前拍摄的录像带，而是可以迅速在网上找到有用资源后便立刻在课堂上使用。这种教学内容不仅比几十年的老录像带更有吸引力，而且能激发学生深入讨论的兴趣。

科技进步也改变了教师的工作方式。学生被鼓励进行更多的小组讨论以促进互动能力的提高，而科技正是促成这种改变的推动力量。为了迎合这种变化，学生的学习空间也进行了重新设计，教师逐渐变成了一个被动型的角色。

随着科技的普及程度越来越高，上述趋势只会不断加强。3D打印技术可以让学生和教师在几分钟内就能获得教学材料。在3D建模课程上，只要几个小时，学生就能从设计阶段推进到制作样品阶段；而在生物课堂上，教师还可以打印出古代动物的头骨供学生传看。云计算能力可以根除诸如"狗吃掉了我的作业"这种拙劣的借口，让学生有机会合作完成研究课题。游戏将会越来越多地用于教学，眼部追踪技术有助于教师分析自己的教学内容是否受学生欢迎。

当然，教学方法的变化意味着课程设置也会出现变化。比如在数字时代，计算机能力的重要性不断提高，很多学生纷纷开始学习编程。在英国，五岁的孩子就已经在简单游戏的帮助下开始学习基本的编程了。

十年后，学生人手一个平板电脑不再是稀奇的事。

平板电脑取代课本

在不远的将来，也许每天背着沉重的课本上学就会成为历史。无论是学校提供平板电脑，还是学生自带电脑，未来的课本一定会转变为触摸式显示屏。一台平板电脑可以包含整整一学年的学习资料，还能为学生提供互动性测试、视频和应用程序，所有内容均由学校决定。美国的一些学校已经开始了这种操作。毫无疑问，这迈出了教学方式改革的第一步。

游戏被融入编程课中，帮助孩子快乐地学习。

游戏与学习

很多教师和家长认为电子游戏拥有过多的暴力画面，而且易于上瘾，没有任何教育意义。但近些年来，游戏却作为学习资料逐渐走进课堂。比如《我的世界》（Minecraft）这样的游戏，目前就推出了教育版本，可以通过游戏的方式指导孩子学习。因为通过游戏的方式学习更有趣，所以孩子会更喜欢学习。随着编程课越来越普及，游戏进入课堂的现象只会越来越多。

虚拟现实技术可以让学生走进历史、进入太空。

虚拟现实课程

很快，学生不需要离开教室也能参与户外学习，虚拟现实头盔甚至可以带领学生前往世界各地，还能潜入海底或探索太空。随着VR技术的成本逐渐降低，软件公司开始开发VR学习内容，未来的课堂教学只会更加具有吸引力。学生们可以站在埃特纳火山边缘了解火山的特点，还可以深入埃及的考古遗址，甚至进入人体学习解剖学。

虚拟现实

未来的学校

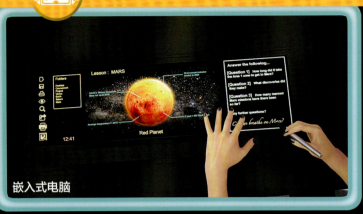

嵌入式电脑

增强现实（AR）型学习过程

未来的课堂
科技如何在未来改变我们的学习方式？

3D 投影仪
互动型全息图可以让学生近距离地了解天体、动物或更多学科。

增强现实型学习过程
具有特殊功能的眼镜可以让学习特定内容的学生看到相关的有用信息。

室内修学旅行
学生从家里带来自己的虚拟现实眼镜，和同学一起参加虚拟旅行。

引导学习
教师使用互动式黑板在上课前提出问题，再让学生结成学习小组，指导他们的学习。

嵌入式电脑
课桌不再是只能摆放物品的平面。嵌入在课桌上的屏幕使得学生不需要携带电脑或其他硬件也能开始学习。

在线讨论
在线区域被视为交流场所，学生和教师可以在这里讨论课程内容及作业。

数字练习册
和纸一样薄的屏幕随处可见，屏幕上可以随时变更信息，供学生使用。

游戏
用作学习工具的游戏被引入课堂，课堂因此成为一个更有趣且更有吸引力的地方。

你知道吗? 目前的 3D 打印机几个小时才能打印出一个小模型,未来的 3D 打印机几分钟就能完成打印。

传递信息

虚拟现实课程

传递信息
孩子们不必手写小纸条,相反,他们可以利用智能手表传递老师看不见的信息。

虚拟现实课程
学生可以在专用区域里"走出"课堂,走进历史、太空或者未来。

互动型全息图可以让学生近距离了解天体、动物或更多内容。

新型课本
沉重的课本成为历史,平板电脑里包含了一学年的学习资料。

分析型学习
教师会鼓励学生记录自己的学习经历,以便日后分析自己的表现。

未来的打印技术
教室里的 3D 打印机可以打印出学生的学习对象,方便学生操控并分析。

039

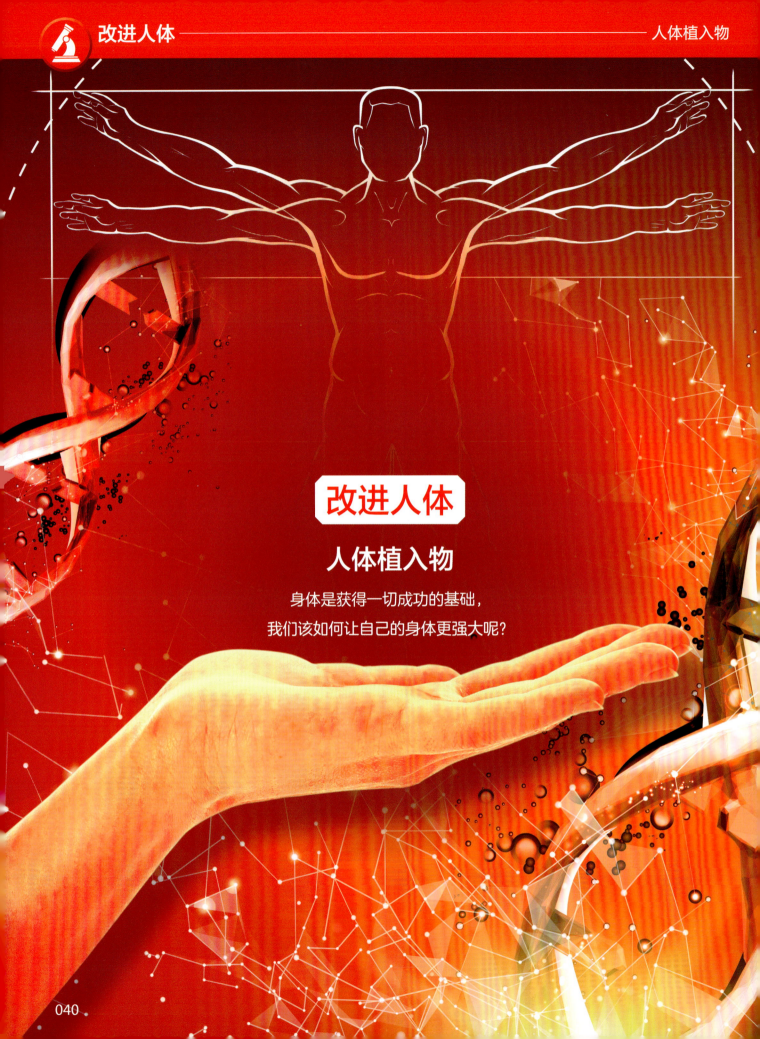

你知道吗? 拿自己身体做强化实验的业余爱好者被称为生物黑客或生物崩客。

人类受生理所限容易生病,年龄越大越虚弱,几百万年的自然进化过程也给我们的感知和能力增加了诸多限制。然而,这种状态即将改变。

生物技术正在变得越来越廉价、作用越来越大,电子元件的体积越来越小,我们对人体的了解程度也在不断加深。起搏器可以让我们的心脏保持跳动,荷尔蒙植入剂可以控制我们的生育能力,智能眼镜可以强化我们的视力。我们来到了人类 2.0 时代的门口,一些具有冒险精神的人已经迈到了门的另一边。

尽管现有技术主要用于医疗领域,但也有人选择进一步强化原本健康的身体,以延伸或提高自己的自然能力。考文垂大学常务副校长凯文·沃里克据称是"世界上第一个半机械人"。1998 年,他将一个硅芯片植入自己的手臂;这样一来,他就可以在不与实物接触的情况下开门、开灯或打开电脑。2002 年系统升级后,芯片可以与他的神经系统通信,他的正中神经上连接了 100 个电极。

通过这个全新植入物,沃里克可以控制轮椅,移动仿生手臂;同时在妻子配对植入芯片的帮助下,他甚至可以接收到其他人神经脉冲的信号。

沃里克教授的上述强化实验是生物医学研究工程的产物,但在一部分具有冒险精神的人看来,这些实验项目进入主流市场需要等待的时间过于漫长,一些业余爱好者甚至自主开始了实验。

阿玛尔·格拉夫斯特拉是一个身在美国的双重植入者。他在两只手中分别植入了一个射频识别芯片(RFID):左手用于开门与启动摩托车,右手的芯片储存手机上传的数据。有人将磁铁植入手指感应磁场,还有人因为整容原因植入外来物,比如将硅质轮廓及灯光植入皮下。与此同时,研究人员也在开发新一代的高科技设备,帮助我们的身体进一步升级。

在这里,我们也要提出一个警告:不要在家里尝试这些实验。我们希望通过接下来的内容,帮助读者了解未来可用于强化人体的新兴技术。就让我们走进生物黑客的世界吧!

我们站在了人类 2.0 时代的大门口。

植入物

专业及业余生物黑客正在探索强化人类皮肤的不同方法。

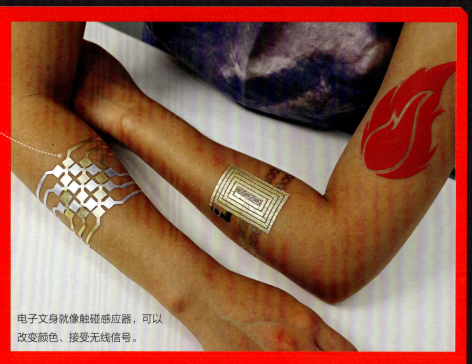

电子文身

麻省理工大学研发的这款高科技文身更像是黏贴型模块,而非植入物。这个电子文身可以储存信息、改变颜色,甚至还能控制手机。

由麻省理工媒体实验室和微软研究院共同开发的 DuoSkin,相比适用于衣服、手表及其他穿戴设备上的微型设备更进一步。这些文身使用金箔在皮肤上导电,主要有三个功能:输入、输出及通信。一部分文身的原理类似纽扣或触控板,其他使用电阻器或热敏化学元素改变颜色,还有一些使用线圈可用于无线通信。

电子文身就像触碰感应器,可以改变颜色、接受无线信号。

指尖磁铁

包裹在硅质外壳内的微型钕磁铁可以植入指尖,这些磁铁对电线、转动的风扇及其他技术产生的磁场会出现反应。这种设备可以让被植入者产生"第六感",使得他们感知空气中不可见磁场的形状与强度。

被植入者可以吸起小型磁性物体。

皮下灯光

一些嵌入皮下的植入物的作用在于强化皮肤的外观。这些通常由文身师或身体穿孔师进行的"手术",一般涉及切割皮肤与缝针。美国匹兹堡的一群人创造出的最新版本甚至还包括 LED 灯。这个流程不适合胆小的人,麻醉需要医师执照,所以在皮下植入灯光通常是在无麻醉的前提下进行的。

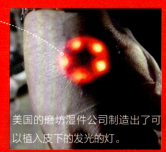

美国的磨坊湿件公司制造出了可以植入皮下的发光的灯。

改进人体 — 干预大脑

干预大脑

利用最新技术，我们不仅能破译大脑在想什么，还能与大脑对话。

人类大脑的结构极为复杂，但归根结底还是需要通过电信号沟通，而最新的技术可以帮助我们了解这些密码信息。

我们现在可以通过大脑控制假肢；有些是将植入物附着在大脑表面，也有些是使用电子感应器探测经过头皮的电流活动。破译信号需要大量训练，目前这种技术并不完善，但随着时间推移会逐渐完善。

当然，反向交流也是可能的，我们可以向大脑发送电信号。视网膜植入物捕捉光线，将光线转为电脉冲后再传输给视神经，相同的原理适用于耳蜗植入物，只不过接收信号的是耳蜗神经。此外，将电极附着在头皮上可以从外部改变整个大脑区域的功能。

经颅直流电刺激装置利用可穿过皮肤与骨骼的弱电流刺激内部的大脑细胞。尽管这一技术仍在研发阶段，但早期试验证明这种技术对我们的情绪、记忆和其他大脑功能均能产生积极影响。这是一个相对简单的技术，目前已经有公司开始向家庭用户提供相关设备。你甚至可以自己动手做一个。

然而这项技术的研究人员却提出了警告。他们承认，他们并不完全明白其中的原理，拿自己的大脑做实验可能会产生非常危险的后果。

我们可以通过大脑控制假肢。

视觉
处理视觉信息的神经位于大脑后部，植入这里的电极可以提高我们解读周围环境的能力。

工作记忆
刺激大脑前段似乎有助于改善短期记忆和学习能力。

运动控制
如果电流刺激到了大脑的运动皮质，就能提高主管人体运动的神经细胞的兴奋性。

刺激大脑

经颅直流电刺激装置发出的电子信号可穿透头骨，刺激表现提升。

兴奋性
电流可以改变脑部神经细胞的活跃性，增强细胞的兴奋性。

电线
电线可以在10~30分钟内将大约1~2毫安的弱电流传输给大脑。

负极
电流向负极移动，形成回路。改变电极的放置方法可以改变电流对大脑功能的影响。

设备
只需要一个9伏电池，这个设备就能源源不断地向头皮输送电流。

正极
正极将设备发送的电流传输给全部头皮，并传向大脑。

基因编辑

2013年，基因编辑研究人员实现了重大突破。研究人员使用新技术准确地切割了人类基因组，从而打开了定制和修改人类基因的大门。

研究人员使用的技术系统名为CRISPR（成簇规律间隔短回文重复序列）。这个技术源于在细菌体内发现的天然系统，这个系统分为两部分：一部分是起到分子剪刀作用的Cas9酶，另一部分是能将Cas9酶引向DNA特定部分的引导分子。

科学家近期的研究更多地集中在"劫持"这套系统上。"拆散"分子剪刀，CRISPR系统就无法继续切断DNA。相反，这套系统可在不改变DNA序列的前提下打开或关闭基因。目前，这一技术仍处于试验阶段，但在未来可用于修补或改变基因。

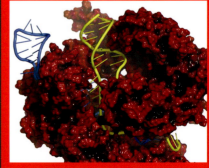

CRISPR像是一把可以剪开DNA的剪刀。

你知道吗？ 色盲艺术家尼尔·哈比森植入的天线可以将颜色转为声音。

外骨骼与虚拟现实

2014年巴西世界杯上，杜克大学的米格尔·尼克莱利斯与29岁的胡里亚诺·平托联手展示了一项令人激动的新技术。平托胸部以下瘫痪，但在尼克莱利斯设计的由大脑控制的外骨骼及一个捕捉脑电波的小感应器的帮助下，他站了起来，踢动了官方用球。

尼克莱利斯的下一步研究，就是重新训练大脑移动腿部，这一次他用上了虚拟现实技术。经过数月通过大脑控制虚拟形象走路的练习后，8名患有脊椎伤病的人确实在一定程度上重新获得了移动能力，感受到了自己的肢体。

电极可以捕捉神经冲动信号，瘫痪病人可因此通过大脑活动控制虚拟形象。

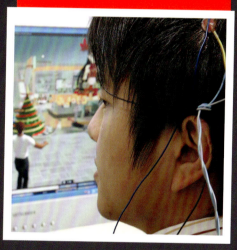

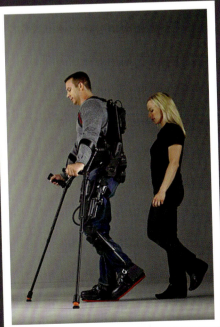

外骨骼可以放大自然移动，有些型号的外骨骼甚至可以通过大脑控制。

社区生物实验室

我们找到了伦敦生物实验室有限公司的汤姆·霍德，希望了解更多有关公共实验室和生物黑客运动的信息。

被采访人信息：

汤姆·霍德研究医药化学，目前是伦敦开放式生物黑客空间的生物黑客。

伦敦生物黑客空间是什么？

伦敦生物黑客空间其实是一个生物实验室。实验室由各成员负责运营，每月只需要支付数额很小的租金，这些成员就可以在场地中自由地进行试验，还可以利用共享的设备及资源。总体来说，试验集中在微生物学、分子生物学和合成生物学上，他们也会打造并修复生物技术硬件。

谁可以参与进来？实验室向所有人开放吗？

任何人都可以参与，不过使用实验室需要遵守安全规则。另外，每周三晚7点半会有一次碰头会，这也对公众开放。

在你看来，人们对生物黑客的兴趣为什么这么高？

我觉得很多重要问题，比如食物、人类健康、可持续资源（比如生物燃料），如果能深入了解分子生物学的发展，这些问题未来可能得到极大的改善。我认为生物黑客社区的目标，就是用普通人更容易接触的方式分享这些技术和知识。学术研究结果虽然发表了，但学术论文很难读懂，而商业研究在获得专利前基本不会披露细节。近年来，进行试验所需的大部分技术变得越来越便宜、越来越容易获得，所以生物黑客团队进行更多有趣的试验也就容易实现了。

你认为生物黑客会有怎样的未来？

从短期看，我觉得生物黑客组织的技术和资源还无法与大学及商业研究机构相提并论。不过未来五年中，我预计会出现更多的生物实验室及生物创客空间，复杂程度也会越来越高。

我认为，生物黑客组织会继续扮演将未来合成生物与分子生物介绍给大众的角色，我希望能用更有趣的方式实现这个目标。

社区实验室出现在世界各地，为业余科学家提供了接触生物技术设备的机会。

改进人体 ——— 打造未来的你

打造未来的你
深入了解可以改变自己身体的新兴技术。

自我提高是人类天性,而科技的进步为我们提供了前所未有的机会。截至目前,大多数技术发展的背后均有医学目的,包括为载肢患者制造的假肢、为瘫痪病人设计的外骨骼,还有器官移植和为盲人设计的光电感应器。不过随着可穿戴技术的出现,加上业余和专业生物技术人员的数量不断增加,人们也会越来越有兴趣强化原本健康的身体。

可定制化的身体,未来究竟会如何?医学植入物可以监控、强化、治愈甚至取代我们的器官。我们可以增加更多感官,或者提高现有的感官能力。未来的某一天,也许我们能直接接入大脑思维的互联网。

半机械人已经生活在我们之中了,他们拥有磁性感应能力。体内植入了微型芯片,可以通过神经系统与技术对话。很多设备目前仍在试验阶段,有些甚至是家庭自制的,未获许可。然而这个领域已经开放,未来拥有无限可能。

定制自己的身体
未来科技为我们提供了前所未有改造身体的机会。

大脑控制假肢
借助植入大脑的电子感应器,佩戴者只需要思考就能控制仿生肢体。

射频识别植入物
皮下的射频识别芯片可以储存信息或者与其他技术进行通信。

眼部摄像机
视网膜植入物与眼后的光敏电子元件相连,会在监测到图像后将信息发送给大脑。

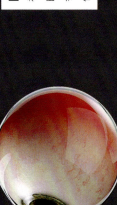

智能镜片
配有微电子技术的隐形眼镜可以监控重要的医疗信息,并将增强现实影像叠加在人类的视野中。

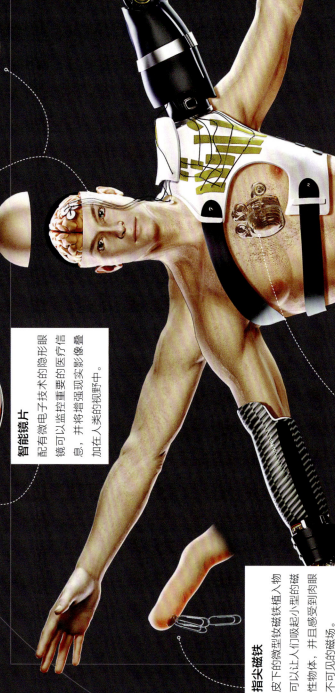

指尖磁铁
皮下的微型钕磁铁植入物可以让人们吸起小型的磁性物体,并且感受到肉眼不可见的磁场。

044

你知道吗? 世界上最古老的假肢由木头及皮革制成,人们在公元前 950 年到公元前 710 年的古埃及木乃伊上发现了这种假肢。

电子文身
金箔制成的临时文身可以用作触碰感应器,可以改变皮肤颜色,也可以用作无线通信设备。

智能创可贴
伤口敷料将会配备感应器,既能监控愈合情况,又能在出现感染时变成灾光绿色,向用户发出警告。

可互换肢体
先进的假肢可以让截肢者拥有超能力,使他们可以根据不同情况选择不同的假肢。

仿生器官
替代性器官可以在实验室里利用真实的人体细胞培养,也可以使用人工材料或电子元件重新制造。

外骨骼支撑
使用液压代替肌肉,铰链代替关节的机械外骨骼支撑着穿戴者的肢体。

很多设备仍在试验阶段,有些甚至是家庭自制。

上肢运动时,Ekso 的下肢也会做出相应的动作。

姿势、应用程序、肌肉信号或近距离传感器均可以控制这个机械手掌运动。

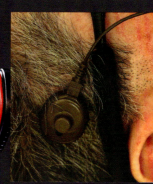

Argus 的值入摄像机及发射机可以向视觉神经发送信号。

我们可以在这个射频识别芯片中看到用于通信的铜制天线。

谷歌正在开发一种通过分析眼泪组成分来检验血糖的隐形眼镜。

045

太阳系旅游指南

太阳系旅游指南

一起开启伟大的旅行,欣赏不可错过的壮美景象。

太空旅行如今只是资金雄厚的国家级太空机构及私人公司的保留项目。但在不远的未来,也许普通人也能负担得起太空旅行。除非出现重大突破,否则未来太空旅行的形式不太可能发生显著改变。航天员仍然需要依靠火箭助推器或者乘坐航天飞机进入太空,太阳系的太空旅行仍然需要利用其他行星的引力,才能抵达更为遥远的目的地。一些梦想家认为,未来人类可以在太阳系范围内建立大型居住区,这些居住区将成为太空游客前往其他宇宙目的地的中转站。

宇宙中有数不清的地方等待我们去探索。距离相对较近的火星和金星有着与地球相似的特征,其他星球与地球存在显著区别。木星和土星的一些冰状卫星也许存在大量的地下海洋,这些地方可能存在某种形式的原始生命。木星本身也足以让人兴奋,因为它的大气层中有已经呼啸了4个世纪的大型风暴。

普通人也能前往这样的目的地吗?接下来的几页里,你会看到描述未来神奇旅行的游客手册。加入我们,一起了解未来的旅行吧!

你知道吗？ 1995年，伽利略号探测器被发射到木星大气层中，但仅仅78分钟就坠毁了。

土卫六
与地球相似的外星世界

水星 金星 地球 火星 木星 土星 天王星 海王星

旅行时间：6年
附近目的地：土星、土卫二、土卫一
平均温度：零下180摄氏度

受够了地球上被污染的水和空气了吗？为什么不去看看另一个地表存在湖泊和海洋的世界？在土卫六上，你将看到液态甲烷缓缓流动的样子。土卫六上最大的海洋"克拉肯海"的面积达到40万平方公里，这比地球上的里海还要大。由于密度极大，海面看起来就像固体一样，最大的浪也只有1.5厘米高。千万不要被迷惑而掉进海里！

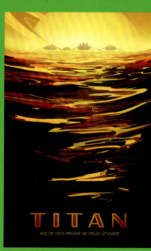

在土卫六上，你可以享受到太阳系中最接近地球的天气状况。地球上水从地面到大气层形成循环，但在土卫六上，你能看到的是甲烷雨。不过，你得理智地规划行程，因为土卫六每1000年才会出现一次甲烷雨。最值得一提的就是亲身感受土卫六的表面，从大风刮过的沙丘，到冰冷、冻僵的平原，你可以在这个一生难得进行一次的旅途中慢慢地探索，享受这片神奇的外星土地。幸运的话，你还能看到踏上土卫六的第一艘人类太空船，也就是2005年抵达那里的惠更斯号。

注意保暖
土卫六表面的温度低至零下180摄氏度，小心冰块形成的岩石和液态甲烷！

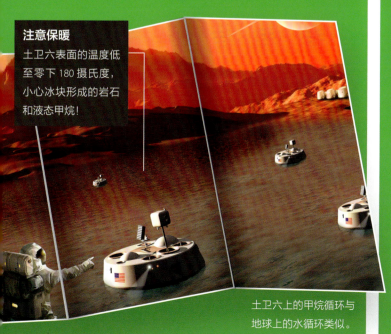

土卫六上的甲烷循环与地球上的水循环类似。

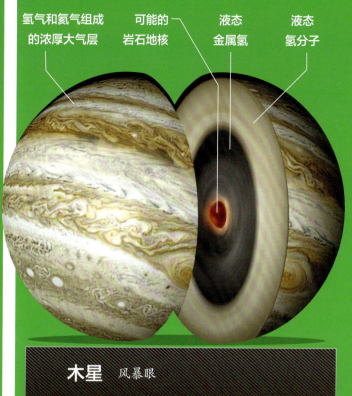

氢气和氦气组成的浓厚大气层　可能的岩石地核　液态金属氢　液态氢分子

木星　风暴眼

水星 金星 地球 火星 木星 土星 天王星 海王星

旅行时间：5年
附近目的地：木卫二、木卫三、木卫一
平均温度：零下145摄氏度

呼啸了超过400年的风暴，还有比地球上大得多的巨型闪电，赶紧预订木星之旅吧，千万不要错过！欢迎来到木星，这里是太阳系最大的行星。这个巨大的气态行星有着由氢气和氦气组成的浓厚大气层，内部则是液态金属氢构成的核心。木星上的压力是地球表面压力的200万倍，所以你不能离开太空船，否则还没喝上免费鸡尾酒，你就会被压力压扁。

这段旅行的精华，就是欣赏大红斑，这是木星上自17世纪起就在呼啸的巨大反气旋。这个风暴的范围极大，可以囊括三个地球，其中的闪电的威力是地球的1000倍。更神奇的是，木星强大的磁场会在其两极制造出比整个地球还大的极光。

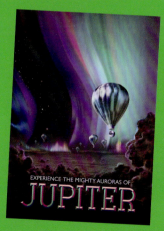

木星的大红斑已经存在了超过400年。

047

太阳系旅游指南

火星
参透地球的未来

水星 金星 地球 火星 木星 土星 天王星 海王星

旅行时间：8 个月
附近目的地：火卫一、火卫二
平均温度：零下 55 摄氏度

人类尚未发明出时间旅行，但我们找到了一个最接近的答案：了解几十亿年后地球的样子。那就是火星，那里曾经有过广阔的海洋，可随着大气层被太阳风吹走，那里变得荒凉而干燥。一趟火星之旅，你可以去探索古老的河床，拜访曾经如地球一般的环境所留下的遗迹。

这还不是旅行的全部。火星赤道上横亘着一条巨大的峡谷，因为是由水手九号宇宙飞行器发现的，被称为水手谷。这是一条长 4000 公里的峡谷，是地球上北美大峡谷的近 10 倍，也是太阳系中最长的峡谷。

此外，你还可以探访最大的山脉——奥林匹斯山。直径 624 公里的奥林匹斯山相当于美国的亚利桑那州那么大，山的高度达到 25000 米。想要爬上这座巨峰，你一定得带好登山装备。

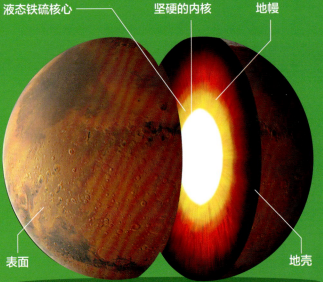

液态铁硫核心　坚硬的内核　地幔
表面　地壳

水手谷是太阳系中最大的峡谷。

土卫二很小，它的直径只有 500 公里。

土卫二
冰的世界

水星 金星 地球 火星 木星 土星 天王星 海王星

旅行时间：6 年
附近目的地：土星、土卫六、土卫四
平均温度：零下 200 摄氏度

第一眼看过去，土卫二并不起眼，直径仅 500 公里的土卫二是土星的第六大卫星。它的表面第一眼看上去也并不吸引人。可走近仔细观察，你就能发现一个丰富而神奇的世界。抵达土卫二后，首先你会注意到这颗星球的亮度。事实上，由于土卫二的表面全都是冰，所以它几乎反射了所有照射到这里的太阳光。土卫二上也散布着地壳运动造成的长达 200 公里的峡谷。

不过最有意思的要数位于土卫二南极附近的冰冻火山，这种火山喷射的不是岩浆，而是冰块，还是附近数百个威力强大的间歇泉的来源。形成这些冰块的水，来自其巨大的地下海洋；土卫二的地核温度让水变为液体，其潮汐作用则来自于土星的另一颗卫星土卫四。尽管尺寸不大，但土卫二却不乏惊喜。谁又知道这颗星球的地表下蕴藏着什么？有些人说那里的环境适合某些原始生命生长。

土卫二南极附近的巨大间歇泉会喷出大量水汽。

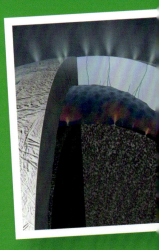

你知道吗？ 和火星一样，金星在几十亿年前可能也有过和地球相似的液体形态，比如海洋。

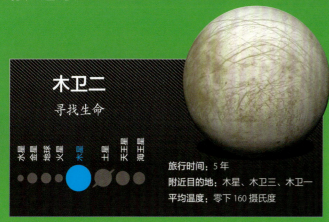

木卫二
寻找生命

水星 金星 地球 火星 木星 土星 天王星 海王星

旅行时间：5 年
附近目的地：木星、木卫三、木卫一
平均温度：零下 160 摄氏度

至少在我们人类眼中，我们在宇宙中是孤独的。除了地球，最有可能找到生命的地方就是木卫二，也就是木星的第四大卫星。

在木卫二上，每 3.5 天你就可以绕木星一周，而木卫二也总是以同一面面对这颗巨大的气态星球。但木卫二的轨道是椭圆形的，所以这颗卫星会不停地被木星推出、拉回。这种运动导致冰质表面下的内核温度提高，使其地表下出现巨大的海洋，水量比整个地球的含水量还要多。热量加上水，意味着木卫二的地下可能适合人类居住。

木卫二的地表同样吸引人。和土卫二一样，木卫二也会将水柱喷向太空，但它的地表尤其有趣。由于冰质表面断裂，脚下是纵横交错的线条，你可以看到冰层下面温度更高的地层。此外，你还能看到所谓的"混乱区域"，也就是木卫二上厚薄不一的冰层交织在一起，形成了可以在地表移动的冰山。

高温内核
木卫二的内核据称由铁元素构成，其高温使得木卫二的海洋层保持了液态。

冰质地壳
木卫二是太阳系中最光滑的星球，表面包裹着原始的冰块。

隐藏的海洋
木卫二冰质表面下存在巨大的海洋，蕴含的水量比地球还多。

和土卫二一样，木卫二也会喷射水柱。

准确计划旅行时间，也许你能看到金星上的火山喷发。

金星
"热"就是卖点

水星 金星 地球 火星 木星 土星 天王星 海王星

旅行时间：3 个月
附近目的地：水星、太阳
平均温度：462 摄氏度

不要被金星太阳系最热行星的名头吓到。在距离金星表面 50~60 公里的地方，你可以感受到宇宙中最像地球的环境，这里的气压和温度与地球完全一致。你可以在空中定居，在照亮大气层的巨型闪电中，欣赏金星上众多壮丽的景观。

而金星地表就难熬多了。由于其地表温度高达上百摄氏度（这个高温足以使铅融化），因此不穿戴防护设备是不能去那里旅行的。稍加探索，你就会发现金星有很多与地球相似的地理特征，比如巨大的峡谷、火山，甚至还有古老的岩浆流。

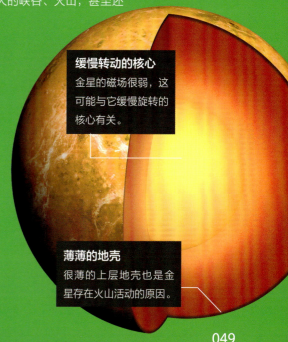

缓慢转动的核心
金星的磁场很弱，这可能与它缓慢旋转的核心有关。

薄薄的地壳
很薄的上层地壳也是金星存在火山活动的原因。

049

火星移民

火星移民设想
帮助人类进入未知领域的技术。

自从尼尔·阿姆斯特朗登上月球，人类就一直抱有移居太阳系其他星球的梦想。随着太空旅行及太空服技术的不断发展，这个梦想越来越有可能变为现实。

旅行者1号已经飞到了距离地球200多亿公里远的地方，但截至目前，人类只登上过距离地球384000公里远的月球。人类飞向更远太空的主要困难在于燃料储备、成本以及航天员的身体健康。想进行远距离太空旅行，至少要在上述一个问题上做出牺牲，这就是人类太空旅行停滞不前的原因。

纳米铝粉与水结合后会形成威力巨大的氢气波和氧化铝。这种反应能为火箭提供巨大推力，而且本身重量较轻。太阳能技术也能减少航天器对燃料的依赖，进一步减轻重量。

麻省理工学院开发出了一种紧身航天服，仿佛真空包装在航天员身上，以此对外部大气形成反压力效果。与现有航天服相比，这种航天服重量更轻，也更为灵活，使得长时间穿着不再那么难以忍受。

3D打印技术可以提高太空任务的效率。随时随地可以设计并打印从小螺栓到巨大的卫星蝶形天线的能力，意味着航天员在执行任务时不必携带体型庞大的零部件。

技术的进步使得人类定居其他星球的可能性变得越来越大。"火星一号计划"（Mars One）就是一个致力于让人类在2025年前定居火星的项目。项目负责人希望在未来几年将登陆车及生命支持组件送上火星，寻找一个既靠近磁极能够获得水源，又靠近赤道可以获得太阳能，同时足够平坦可以搭建建筑物的地方。生命支持组件通过加热地面下的冰、从火星土壤抽取水分，一部分水分用于储备，一部分用于制造氧气、氮气和氩气，以使空气适于人类呼吸。

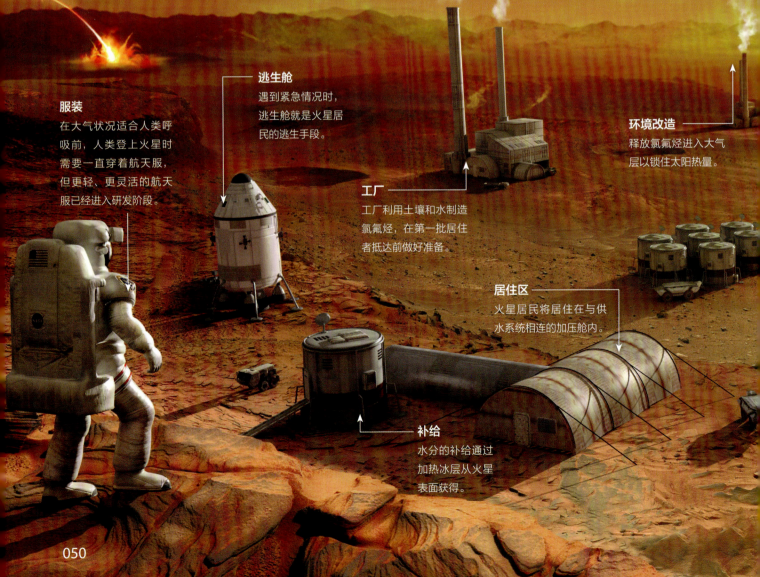

服装
在大气状况适合人类呼吸前，人类登上火星时需要一直穿着航天服，但更轻、更灵活的航天服已经进入研发阶段。

逃生舱
遇到紧急情况时，逃生舱就是火星居民的逃生手段。

工厂
工厂利用土壤和水制造氯氟烃，在第一批居住者抵达前做好准备。

居住区
火星居民将居住在与供水系统相连的加压舱内。

补给
水分的补给通过加热冰层从火星表面获得。

环境改造
释放氯氟烃进入大气层以锁住太阳热量。

> **你知道吗?** 猎鹰 9 号运载火箭是由埃隆·马斯克所经营的私营研究机构 SpaceX 研制出来的。

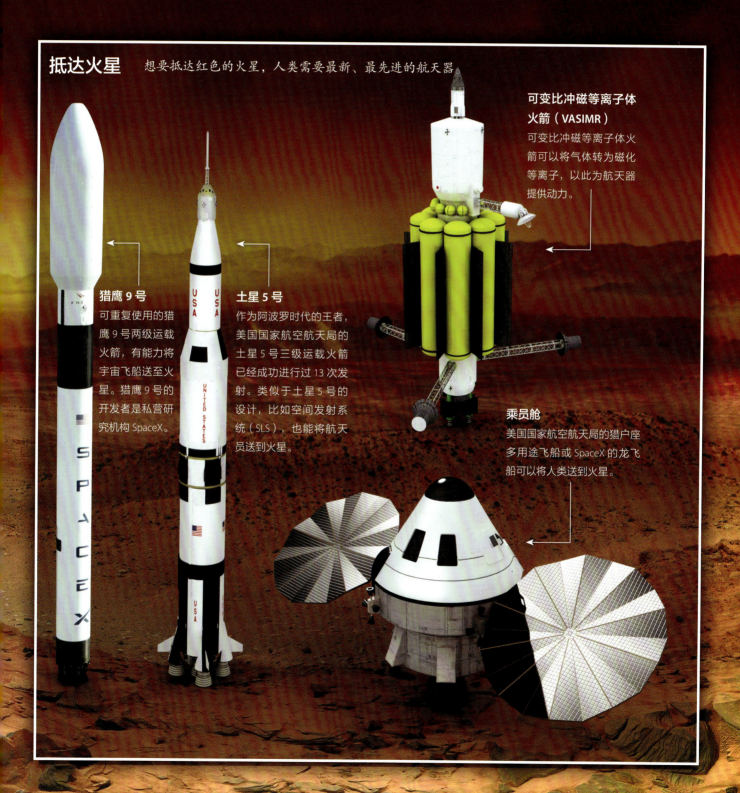

抵达火星

想要抵达红色的火星,人类需要最新、最先进的航天器。

猎鹰 9 号
可重复使用的猎鹰 9 号两级运载火箭,有能力将宇宙飞船送至火星。猎鹰 9 号的开发者是私营研究机构 SpaceX。

土星 5 号
作为阿波罗时代的王者,美国国家航空航天局的土星 5 号三级运载火箭已经成功进行过 13 次发射。类似于土星 5 号的设计,比如空间发射系统(SLS),也能将航天员送到火星。

可变比冲磁等离子体火箭(VASIMR)
可变比冲磁等离子体火箭可以将气体转为磁化等离子,以此为航天器提供动力。

乘员舱
美国国家航空航天局的猎户座多用途飞船或 SpaceX 的龙飞船可以将人类送到火星。

火星移民 — 火星生活

火星生活

人类如何探索这颗红色星球，未来的计划是什么？

火星简史

这颗星球如何从适合人类居住发展为如今的致命环境？

45亿年前

形成

火星及太阳系的其他岩质行星逐渐形成。

45亿~41亿年前

前诺亚纪

火星的一段不为人知的历史，火星有可能在这一时期遭受过小行星撞击。

41亿~37亿年前

诺亚纪

火山活动使得大气变厚，火星上出现降雨，形成了目前我们能看到的山谷与湖泊遗迹。

你知道吗？ 火星可能正在走出冰河世纪，有证据显示其极地冰盖正在融化。

2016年9月，SpaceX的创始人埃隆·马斯克宣布了一个人类移民火星的大胆计划。马斯克的声明成为世界各地的头条新闻，尽管一些批评如期而至，但这再一次激发了人们探索火星的兴趣。

如今的火星，荒凉且不适合人类居住。火星大气层的95%为二氧化碳，加上最低零下153摄氏度的气温和没有磁场，这里确实不是一个理想的定居地。但几十亿年前，我们可以确定火星上拥有大量的水。河流冲击的山谷、干枯的湖底，甚至海岸线，这些都是我们能看到的证据。

有关火星的最大疑问，在于生命能否在那里存活，或者火星上现在是否有生命存在。我们不知道火星上的地表水存在了多长时间，也许其地表水存在的时间不足以孕育生命。但火星上也许出现过原始的微生物。

欧洲的哥萨克着陆器及美国的2020火星车任务有可能为上述问题提供答案。这两个火星车将拉开令人激动的火星探索时代的大幕。

目前，美国国家航空航天局正努力研究能在2030年左右将人类送至火星的宇宙飞船及火箭。他们的目标是进一步探索人类的起源，或许还能在火星创造一个永久性基地。

马斯克在2016年9月的声明给美国国家航空航天局的计划造成了不小的打击。马斯克表示，他正在研制一种巨型火箭，将从21世纪20年代开始，一次将100人送上火星，而他的目标是在新的世纪之交让100万人定居火星。

登陆火星已重新提上日程，即便这颗星球过去没有生命，未来也会很快有生命出现在这里，人类将会在这颗红色星球上定居。

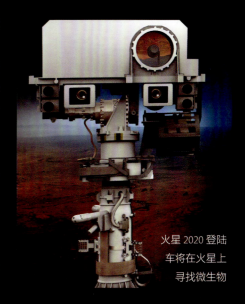

火星2020登陆车将在火星上寻找微生物

我们可以确定火星上曾拥有大量的水。

过去与现在的火星

这颗红色星球在40亿年中发生了怎样的变化？

没有磁场
磁场的缺席导致火星表面受到了强烈的太阳及宇宙辐射。

水
浓厚的大气层和磁场也许曾经让火星表面出现过水。

稀薄的大气层
火星如今的大气层相对稀薄，导致火星表面压力过低无法形成液态水。

海岸
科学家近期观察到了火星表面可能是古代海岸线的地形特征。

火星海洋
近年来有证据显示，火星北半球的水量曾经比地球的北冰洋还多。

没有地表水
火星表面曾经有过的水早已蒸发，但火星地下可能还残留了一些水。

37亿~29亿年前	29亿年前至今	如今
赫斯珀利亚纪 这一时期随着温度降低，火星的地表水凝结成冰。	**亚马逊纪** 过去几十亿年，稀薄的大气层使得火星表面变得平缓、干燥且缺乏地质活动。	**当代** 现在的火星是一颗冰冷荒凉的星球，只剩些许古代水残留的痕迹。

火星上的机器人

人类如何使用探测器探索火星

1965 年 7 月,美国国家航空航天局的水手 4 号(Mariner 4)探测器飞过火星,将第一张火星表面照片传回了地球。从那之后,通过一系列机器人探测任务,我们对这颗红色星球有了更加深入的了解。也许在不久的将来,人类也会登上火星。

最初向火星发射探测器时,科学家并不确定会发现什么。但经过多年研究,我们已经可以描绘出这颗星球曾经的样子了。火星任务的目的也发生了改变,我们已经从最初的探索转变为更为细致地搜索生命与水源。

美国国家航空航天局的海盗号(Viking)登陆车于 1976 年抵达火星,这是第一台专门致力于在火星上搜寻生命的登陆车。海盗号的探测无法让科学家得出确定结论,但是通过发送回第一张拍自火星表面的照片,海盗号掀起了探索火星的热潮。然而,随着后续几次任务失败,20 年后我们才又一次见证了成功执行的火星任务。美国国家航空航天局在 1996 年发射了火星全球勘测者号(Mars Global Surveyor),从 1998 年到 2006 年,这个探测器发回了大量火星表面的照片,为后续任务提供了大量数据。让人兴奋的是,火星全球勘测者号也为火星存在冰块的说法提供了证据。

世界上第一台火星车诞生于 1997 年。旅居者号(Sojourner)分析了火星岩石,发现其与地球上的岩石具有相似的特征。2004 年诞生了后来大获成功的勇气号(Spirit)和机遇号(Opportunity)火星车。目前,勇气号和机遇号已结束任务。

2012 年,好奇号(Curiosity)火星车在火星的盖尔撞击坑(Gale Crater)降落后,发现降落位置可能有一个古代河流。此外,2014 年的 MAVEN 任务(火星大气与挥发物演化任务)让我们了解到太阳风如何摧毁了火星的大气层。

我们需要探索的未知领域还有很多,而这正是未来要发射的火星车可以大展身手的地方。

寻找生命信号

即将于 2020 年发射的哥萨克着陆器和 2020 火星车如何对这颗红色星球进行研究?

哥萨克着陆器

红外光谱仪(ISEM)
配合全景摄像机,红外光谱仪可以使用红外线挑选需要进一步分析的目标。

拉曼激光光谱仪
这台使用激光的设备可以在样本内寻找有机化合物和生命迹象。

特写成像仪
这种摄像机可以拍摄高清晰岩石照片,突出拍摄对象的科学特征。

全景摄像机
这个全景摄像机可用于拍摄并绘制火星地形图。

Adron(自动中子辐射探测仪)
这个设备将用于搜寻地下水,选择适合钻孔勘探的目标。

钻头
火星车的钻头可以从多种土壤采集样本,最大钻探深度可达两米。

火星地下研究多谱成像仪
这个设备可以对钻头触及的岩石进行矿物学研究。

火星水简史

作为曾经适合人类居住的星球,火星究竟什么样?

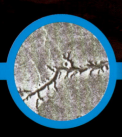

峡谷/1971 年
水手 9 号
美国国家航空航天局的水手 9 号探测器发现了火星上的

河流/1976 年
海盗 1 号与海盗 2 号
海盗号登陆车发现了火星表面曾遍布河流的证据。

盐/1997 年
探路者号
探路者号发现,火星表面具有足够高的温度,足以

你知道吗？ 火星奥德赛号收集的数据显示，火星地下的冰量足以填满两个密歇根湖。

火星上的甲烷

2014 年，美国国家航空航天局的好奇号在其位于火星的区域发现大气中的甲烷含量临时出现上升。尽管未经证实，但这种现象可能意味着火星上存在生物活动。

好奇号上装配的火星样本分析仪（SAM）对火星大气进行了 20 个月的分析。在其中两个月里，大气中的甲烷含量突然飙升，是其他月份平均数值的 10 倍之多。

这意味着火星上存在甲烷来源。这些甲烷的来源存在几种可能，包括地下岩石与水的相互作用。但生物原因也有可能造成这种现象，比如地下微生物释放甲烷，这提高了火星存在基础生命的可能性。

好奇号在火星上发现甲烷含量飙升。

火星有机分子分析仪（MOMA）
作为火星登陆车上最大的设备，火星有机分子分析仪将会直接用于在钻头收集的样本中寻找生物标志物。

美国国家航空航天局的海盗号是第一个用于在火星上搜索生命的探测器。

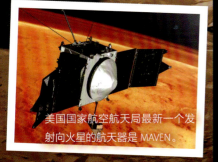

美国国家航空航天局最新一个发射向火星的航天器是 MAVEN。

火星地下探索雷达成像仪（RIMFAX）
能够穿透地表的雷达成像仪可以分析火星地下的活动。

有趣的相似性
2020 火星车的设计参考了好奇号。

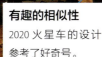

超级摄像机
这个设备可以探测距离很远的岩石中的有机化合物。

火星环境动力分析仪
这个仪器中的传感器可以检测温度、风速以及火星表面更多的情况。

居住环境中有机物及化学物质拉曼及发光扫描仪（SHERLOC）
这个设备可利用紫外线搜索火星上的有机化合物。

2020 火星车

桅杆摄像机 -Z
这个先进的摄像机将会拍摄火星的全景照片，并对登级车周围地表进行矿物学分析。

行星岩石化学 X 光探测工具（PIXL）
这个设备可以对火星土壤的化学成分进行更为细致的分析。

火星氧气原地资源利用试验器（MOXIE）
考虑到未来的载人任务，这台有趣的设备将尝试利用火星上的二氧化碳制造氧气。

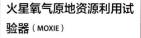

隐藏的水

火星表面下可能蕴含冰甚至液态水。

线索
火星表面的地理特征表明这个星球曾经拥有河流、湖泊和海洋。

蓄水
尽管表面荒凉，但火星地下可能含有残留的冰层。

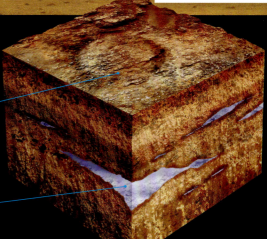

液体/1999年

火星全球勘测者号
火星全球勘测者号在 1999 年到 2001 年之间发送回来的照片显示，这颗星球可能还有液态水流动。

冰/2001年

火星奥德赛号
这个探测器发现，火星地表下可能储藏有冰或水。

河流/2012年

好奇号
好奇号发现自己位于盖尔撞击坑的着陆处可能是古代的河床。

火星移民　　　　　　　　　　　　　　　　　　　　　　　　　　　　前往火星

前往火星
为载人火星任务做好准备。

火箭推进器

想离开地球轨道，巨大的火箭推进器就必不可少。在执行登月的阿波罗系列任务时，我们使用了土星5号运载火箭，这仍是至今动力最为强大的火箭。可是想执行火星任务，我们就需要更大、更好的火箭。

首先要说的就是美国国家航空航天局的太空发射系统（SLS），这个高达117米的火箭可以将航天员及货物送至火星。太空发射系统计划在2020年进行首次试验发射，但是否能如期进行还不确定。

SpaceX创始人埃隆·马斯克披露了自己大胆的火星计划，核心就是星际运输系统（ITS）。星际运输系统火箭的高度达到了122米，马斯克希望这款火箭能在22世纪之初将100万人送到火星定居。

我国和俄罗斯未来也会推出用于执行火星任务的火箭。

SpaceX 的星际运输系统能否成真？

埃隆·马斯克披露了前往火星的大胆计划。

在国际空间站练习
长时间停留于国际空间站有助于航天员准备火星任务。执行一次国际空间站任务一般需要六个月，但在2015年，一名美国航天员和一名俄罗斯航天员在国际空间站整整工作了一年，这为火星任务中人体对长时间太空旅行会有什么反应提供了关键数据。

SLS 火箭
美国国家航空航天局的太空发射系统可以让人类探索比火箭所到之处更为遥远的太空。

美国国家航空航天局的乘员舱
如何从地球发射航天员前往火星并返回，美国国家航空航天局给出的答案是猎户座飞船。猎户座飞船可以搭载6名航天员，进入地球轨道后，飞船可以与更大的航天器对接。航天员乘坐与猎户座对接的航天器前往火星，不过这个计划目前尚未最终确定。

通向火星之路
美国国家航空航天局如何计划在2040年前将人类送上火星？

现在到2024年
国际空间站
去往国际空间站的任务将持续到2024年，借此监控人体

2018
探索任务-1
2018年，太空发射系统和无人猎户座飞船首次

2023
小行星重定向任务
美国国家航空航天局计划在2023年前发射航天员

你知道吗？ 自 1972 年阿波罗 17 号完成三天的登月任务后，还没有人类再次离开过地球轨道。

模拟火星任务

2016 年 8 月，完成了整整一年隔离生活的六个人走出了夏威夷的一栋两层高的圆顶建筑。为什么这么做？他们只是在模拟未来相似条件下在火星上生活的场景。

这个被称为夏威夷太空探索模拟仿真（HI-SEAS）的任务，是美国国家航空航天局参与的为 21 世纪 30 年代载人太空任务进行准备的计划组成部分。在这个试验中，团队人员的全部活动均在圆顶建筑内进行，外出时必须穿上太空服，以此模拟未来的火星任务。他们与地球的通信也延迟了 20 分钟——这同样是探索火星时会遇到的情况。

尽管无法完全模拟在火星上的生活，但这个试验的目标就是观察人类在隔离生活时会出现什么反应。美国国家航空航天局的火星任务总时长可能达到三年，其中包括在火星表面生活的 500 天，这意味着航天员要长时间远离地球及无法接触其他人类。

夏威夷的一栋圆顶建筑被用来模拟探索火星任务。

深空居住环境
前往火星需要 9 个月，所以航天员需要一个更宽敞的居住环境。这是一个类似国际空间站的多房间太空飞船，需要保护罩保护航天员免受宇宙辐射的伤害。

机器人助手
其他航天器及火星车发送的数据可以用来选择火星任务的着陆点，目前科学家已经开始讨论几个候选方案。人类抵达火星后，探测器也可以用作与地球通信的中继卫星。

离子发动机
搭载人类前往火星的太空飞船将会使用某种形式的太阳能推进力，或者离子发动机，实现加速或减速。这有助于节省燃料、留出更多货舱空间。

捕获小行星
美国国家航空航天局正在计划一个机器人任务，将捕获的小行星重新定位向月球轨道。完成这个任务后，美国国家航空航天局将派出航天员探索并实践这些未来能在火星任务中使用的技术与技巧。但有些人认为这项任务并不必要，目前这一任务正在接受评估。

2030 月球
美国国家航空航天局希望到 2030 年时可以定期进行月球任务。

2033 火卫一
美国国家航空航天局可能在 2033 年时启动一个前往火星卫星火卫一的载人任务。

2039 火星
美国国家航空航天局计划在 21 世纪 30 年代末将人类送到火星表面。

火星移民

火星上的人类 抵达红色星球后，我们究竟会做什么？

在所有与火星有关的话题中，讨论最多的就是火星生活了。并不是说没有人思考过这个问题，而是没有人知道人类究竟如何在火星上生存。

不过可以预见的是，第一个火星任务中很可能出现遥控机器人。人类可能进入火星轨道，可能在火星的卫星火卫一上生活，也有可能控制登陆车登上火星表面。由于不存在地球控制登陆车需要面对的通信延迟问题，这种方法可以加快探索火星表面的速度。

如果相信埃隆·马斯克的话，人类最终还是会登上火星。未来在火星生活的人类可以自给自足，靠火星土壤生存，使用智能设备制造出的氧气和水，甚至能将居住地改造成与地球相似的环境。不过，马斯克在新世纪之交让100万人生活在火星的计划能否成功，现在还是个未知数。

美国国家航空航天局的计划更简单，也更具有现实性。美国国家航空航天局的计划沿袭自阿波罗任务，他们会将少量航天员送到火星表面，在火星停留数周或者数年，随后返回地球。

为了在火星开拓居住地，我们可能需要将部分建筑物结构深入火星土壤。这能构建起壁垒，防止宇宙辐射与太阳辐射损害航天员的健康。火星两极与地下存在大量冰块，因此利用这部分资源就变得极其重要。根据2020火星车与哥萨克着陆器的勘测结果，也许火星地下有着足够的水源，足以支撑小型的火星移居地。这些水经过净化可转为饮用水，也可以分解成制造燃料所需的元素。

人类登陆火星后，就能够前所未有地探索火星表面了，机器人试探性的探索将成为历史，我们可以大规模地研究和分析火星，甚至可以得出火星上是否有生命的明确答案。

长久以来，人们一直梦想将火星变得和地球一样。

圆顶建筑
人类抵达前，机器人会将水变成冰，建造一个可供人类居住的多层圆顶建筑。

阳光
建造完成后，人类可以居住在圆顶建筑内，在阳光下种植物。

冰
也许火星上的建筑将完全由冰建成。

水
地下水可持续采集，为航天员提供补给。

火星冰屋
这个提案在2015年赢得了美国国家航空航天局的3D打印居住地挑战奖。

探索
航天员可以轻松进出建筑，随时探索火星表面。

改造火星 几个步骤，让火星变得适合人类居住。

50年	100年	100年	150年
准备期	**移民期**	**融化**	**植物**
将人类送到火星，安装改造火星所需的机械设备。	如果埃隆·马斯克的设想成真，100年内会有100万人生活在火星上。	加热火星两极可以将水蒸气和二氧化碳释放到火星大气中，提高整个星球的温度。	到这个阶段，火星上的氧气水平已经适合植物在其表面生存了。

你知道吗? 太阳系的其他星体,比如木卫二和土卫六可能曾经有过生命,或者现在仍有生命。

熔岩蜂巢(LavaHive)团队的这个设计使用 3D 打印技术创造了一个火星基地模块。

我们能让火星变得适合人类居住吗?

长久以来,人们一直梦想将火星变得和地球一样。这个想法有可能变为现实,只是现在尚未成真。

一种方法是加热火星上大量的冰,比如使用火星轨道上的巨大镜子进行加热。这可以将二氧化碳释放到大气层中,让火星大气层变厚,进而有可能提高整个星球的温度。

另一种方法是在火星表面设立工厂,利用火星的空气及土壤生产含氯氟烃(CFC),这种物质可以锁住太阳发出的热量,也许我们可以利用它提高火星表面的温度。

我们也需要找到方法,将主要由二氧化碳构成的火星大气层转变为和地球类似的氧气和氮气。

有一个情况可能会让问题变得复杂,由于没有磁场,太阳风会不断吹走火星的大气层。也许未来我们能够找到这个问题的解决方案。

辐射
冰制外层可以抵御辐射,这意味着人类不需要住在地下。

团队(Gamma)伽玛提出使用半自动机器人在火星土壤上建造住所的设想。

位置
居住地会设置在容易采集地下水的地方。

居住模块中同时包含私人及公共空间。

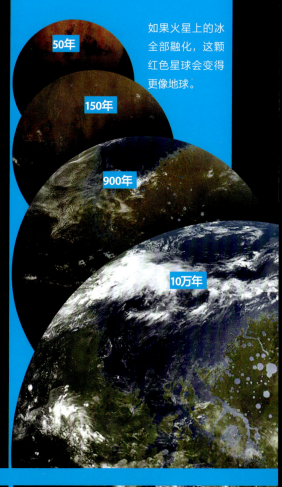

如果火星上的冰全部融化,这颗红色星球会变得更像地球。

50年
150年
900年
10万年

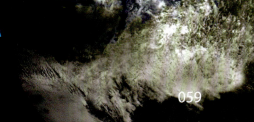

900年

人类
乐观情况下,900 年后的火星将适合人类的日常生活。

10万年

未来
有人预测,我们可能需要 1 万到 10 万年才能彻底改造火星。那就继续保持关注吧!

月球移民

改造月球

改造月球
把月球改造成人类宜居地。

月球是宇宙中距离我们最近的邻居，但迄今为止，只有12人踏上过月球表面。1972年后，到访月球的就只剩机器人、轨道卫星及探测器。很长一段时间里，人类对重返月球兴趣寥寥。但距离地球只有三天路程的月球，无疑是未来深入探索宇宙的合适目标。随着越来越多的国家设立太空计划，以及越来越多的私营公司进入这一领域，我们又一次提起了对月球的兴趣。

月球表面的环境对人体有害，可如果能想办法建设一个基地，我们就能接触大量外星资源。月球是设立望远镜和通信设备的理想地点，我们也可以在其独特的环境中寻找太阳系发展历史的线索。世界各地的研究机构纷纷意识到了月球的潜力，一些探索性任务已经处于计划阶段。目前，对月球研究的焦点还集中在开发月球潜力方面，但在未来几十年，载人任务及建设月球基地都会被提上日程。

俄罗斯联邦航天局计划于2031年执行载人登月任务，于2031—2035年将四个探测器发送至月球，最终建立月球基地。我国国家航天局正在开发一系列嫦娥探测器，为未来的矿物质开采任务提前收集月球样本；另外，我国也在建造能将航天员送至月球的太空舱。此外，欧洲空间局计划2030年在月球上建立一个国际月球村，该村将作为国际空间站的继承者，在月球上进行科学研究。甚至把资源集中用于小行星探测和火星载人任务的美国国家航空航天局，也在开发一款能够测绘月球南极水储量的探测器。

在月球探索之路上，目前我们只是试探性地迈出了第一步；但在未来，科幻电影中才会出现的月球基地可能变为现实。接下来，我们将了解未来月球前哨站的形态，以及可能遇到的危害及挑战。

你知道吗？ 在1972年执行阿波罗计划的航天员尤金·塞尔南登上月球之后，还没有人再次登上月球。

为什么选择月球？

载人火星任务已经进入筹备阶段，也许有些人会质疑重返月球的逻辑，但在月球建立基地存在不少优势。我们可以在一周内完成一次月球往返之旅，而且月球表面富含大量资源。月球尘土中含有氢、氧、铁和其他金属元素，假如能够开采这些资源，我们就能在地球以外获得水和建筑材料。

月球远端不受地球通信噪声的影响，我们可以在安静的环境中观察太空。月球近端始终面对地球，最适合设立观测站。这里还可以为执行多种任务提供导航支持，不论是地球上的搜索与营救工作还是深空探索任务。

在月球设立基地也可以让我们深入研究其地质特点，帮助我们深入了解月球历史以及太阳系的进化过程。我们可以在月球上进行试验，可以远离地球熟悉的环境测试材料与设备。

去月球度假

在太空旅游刚刚萌芽时就考虑去月球度假似乎太早了点。可如果人类能在月球设立基地，那么游客的出现就是不可避免的结果。2019年9月18日上午，埃隆·马斯克在一场发布会上宣布，日本亿万富豪前泽友作将作为第一位私人月球旅行者，5年后乘坐大猎鹰飞船进行绕月旅行。未来将有越来越多的私营机构开始着手开发自己的旅游项目。1967年制定的《外层空间条约》规定，即便在月球上设立基地，任何国家也不得将月球占为自己的领土。不过，目前尚不存在有关月球资源勘探开发及商用的法律及条约。

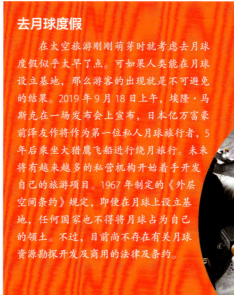

在月球设立基地可以为新型度假产品创造条件。

太空殖民

从开采矿藏到通信，月球基地可以起到很多作用。

敲门砖 在月球设立基地将是移居火星的重要步骤。

开采矿藏 月球有着丰富的资源，可用于建筑或制造燃料、氧气及水。

太空前哨站 月球的位置及其缺少大气层的特点，使其成为安放通信设备及敏感太空望远镜的合适地点。

探索 探索者可以乘坐大型交通工具离开基地，探索整个月球。

技术测试 在月球表面建设保护性的居住地可以测试各种技术的极限。

补充燃料 月球表面较低的引力使得太空飞船可以比在地球上更高效地降落、补充燃料并起飞。

月球移民

未来的月球会是什么样?

未来的月球会是什么样?

月球并不安全,月球基地对人类的生存至关重要。

充气式居住区
建筑材料很重,所以使用充气材料就是选择之一。但这种设施需要做好撞击防护。

供水
用氢气加热月球尘土可以从中提取水。

发射与降落
月球引力很小,所以相比地球,在月球上起降太空船需要的燃料要少得多。

望远镜与设备
没有了地球大气层的干扰,月球基地上可以安放功能更为强大的望远镜。

辐射防护
月球上的建筑需要具备防辐射能力,一个主流观点就是把建筑埋在月球尘土中。

你知道吗? 月球距离地球的平均距离为 384400 公里,相当于 30 个地球并排连在一起。

氧气
从月球表面提取的水利用电解技术可以分解为氢气和氧气。

玻璃道路
我们可以用微波融化月球表面的尘土,铺设平滑、坚硬的路面。

食物
农作物资源需要运输到月球上,但我们可以循环利用废弃物帮助农作物生长。

只有少数人登上过月球表面,停留时间最长的只有三天。

扁平包装建筑
我们可以使用从地球运输来的零部件组装出建筑物。

开采矿藏
可以从月球尘土,或者说风化层中提取出可制作成建筑材料的矿物质,也可以用于制造氧气、水及火箭燃料。

天外之家

自 20 世纪 70 年代,人类就开始了太空生活。航天员在类似礼炮号(Salyut)、金刚石计划(Almaz)、太空实验室(Skylab)、和平号(Mir)以及国际空间站(ISS)这样围绕地球旋转的太空站中生活,但至今没有一个人在太空中生活的时间超过 438 天(这个纪录由瓦雷利·波利亚科夫创造),我们很难预测人类能否长期在太空定居点生活。超过 200 名航天员曾在国际空间站生活过,通过监控他们的身体状况,我们可以了解微重力对人体的影响。但月球的情况无法直接类比,因为只有少数人登上过月球表面,停留时间最长的不过三天。

月球引力只有地球的六分之一,人类登上月球还要面对特别的挑战,覆盖月球表面的尘土可能是最难解决的问题。阿波罗计划期间,月球尘土总能钻进设备,不仅能进入真空密闭空间,甚至还能进入航天员的太空服,对航天员的眼睛和肺部造成伤害。

想在月球永久定居,有效防护是必要的。

063

如何建造月球基地？

月球大气层空气稀薄，也不存在类似于地球的保护罩，因此月球表面并不适合人类居住。月球表面受到太阳风和辐射的反复侵袭，石块会定期从天而降。月球表面散布着古代小行星撞击后留下的痕迹，小行星的残留物形成了厚厚的一层黏质月球尘土。由于不存在能让尘土粒子下落的大气层或天气现象，这些飘散在空中的尘土也会产生很强的冲击力。一个成功的月球基地需要防范上述威胁，为了能让人长期生活在其中，基地还需要稳定的食物、水、氧气、电力、居住环境及火箭燃料的供应。

目前最流行的月球基地概念之一，就是充气型建筑——不仅重量轻，而且通过内部加压组装的难度也不大。以登陆舱中的气密舱为门，这是建设月球基地快速且简单的方法。然而，只要被扎出小小的漏洞，这种结构的建筑就有可能遭受致命打击。所以这种建筑需要建造在地下，或者埋在厚厚的月球尘土中。

我们也可以把扁平包装的材料从地球运至月球，建成更坚固的圆顶或棚状结构建筑。不过更节省燃料的方法，还是使用在月球表面上能找到的建筑材料。加热后的月球尘土可以变成坚硬的固体，可用于建设房屋和道路，未来的3D打印技术也可以用于在风化层上建造房屋。

在合适的地点，太阳能电池板可以为月球基地提供可再生电力。如果月球上可以种植农作物，也许未来的某一天，我们也可以在月球建设半自足型的农场及堆肥系统。假如我们能从月球尘土中提取水、氧气和氢气（火箭燃料），那么月球基地就有可能做到完全的自给自足。

不幸的是，想实现上述目标，即使不考虑月球尘土的破坏性影响，我们也还需要克服几个重大挑战。月球尘土似乎总能找到方法进入各种密闭空间，这会立刻导致设备损坏。有人提出了一些解决方案，比如使用有轨缆车或者将设备包裹在管道中，以此最大程度减少尘土对设备表面的影响；同时清扫房屋和气密舱，使基地内部保持无尘状态。

太阳能电池板可以为基地提供可再生电力。

充气定居点重量轻，但在小行星面前异常脆弱。

被月球尘土包裹的建筑可以免受碎石冲击或辐射的影响。

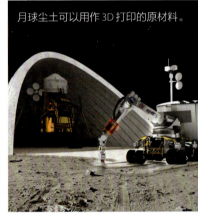

月球尘土可以用作3D打印的原材料。

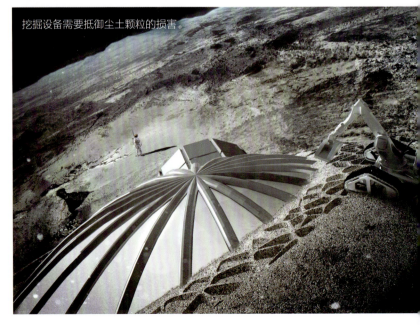

挖掘设备需要抵御尘土颗粒的损害。